青少年求知文库
QingShaoNianQiuZhiWenKu

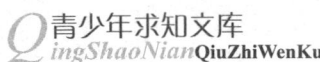

让人生之路越走越宽

郭正中　编

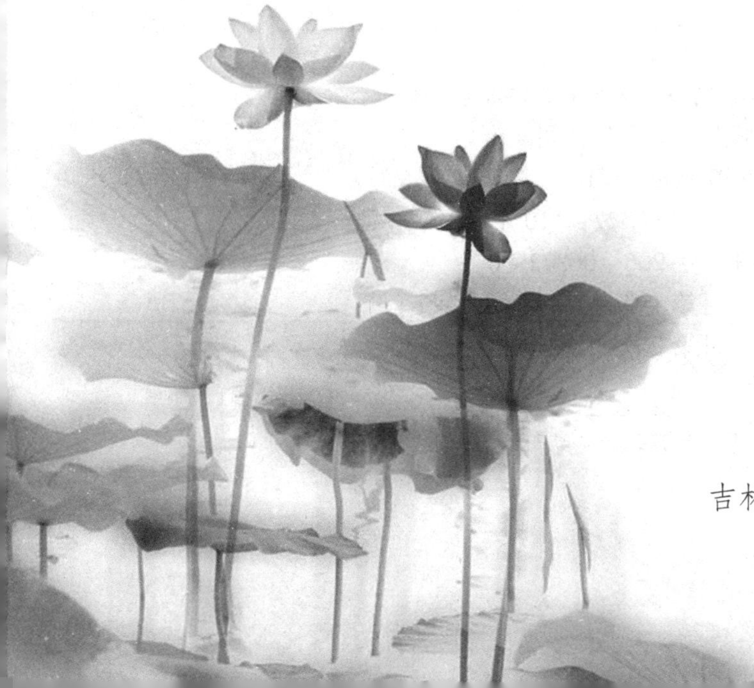

吉林人民出版社

图书在版编目（CIP）数据

让人生之路越走越宽/郭正中编．—长春：吉林人民出版社，2010.7（2021.3重印）

（青少年求知文库）

ISBN 978-7-206-06872-0

Ⅰ.①让… Ⅱ.①郭… Ⅲ.①人生哲学—青少年读物 Ⅳ.①B821-49

中国版本图书馆CIP数据核字(2010)第120405号

让人生之路越走越宽

编　　者：	郭正中
责任编辑：	孙浩瀚

吉林人民出版社出版（长春市人民大街7548号　邮政编码：130022）

印　　刷：	三河市燕春印务有限公司
开　　本：	700mm×970mm　1/16
印　　张：	13　　　　字数：110千字
标准书号：	ISBN 978-7-206-06872-0
版　　次：	2010年7月第1版
印　　次：	2021年3月第2次印刷
定　　价：	39.00元

如发现印装质量问题，影响阅读，请与印刷厂联系调换。

目 录

事在人为

把生活的时代变为最好的时代	（美国）杰恩·奥特 /	001
你不能没有激情与勇气	（美国）唐纳德·基奥 /	004
灵光闪过之后	谁谁谁 /	010
人群分类法	张小失 /	012
一个橘子成就的梦想	姜平章 /	015
他只有45天	苗祖荣 /	018
逾越一朵花的距离	感 动 /	020
我们就是世界	（美国）温何·花·布劳恩 /	022
最大的对手	陈 萌 /	026
不可阻挡	（美国）汤姆·多兰 /	030

绝境里的机会	感 动	/ 035
浓密的恩赐	谢胜瑜	/ 037
当你被摔倒	李群/译	/ 041
一支桨也可以遨游沧海	泗岸	/ 043
相信潜力	(美国)冯奈塔·弗劳尔	/ 046
一幅新闻摄影作品的背后	姜钦峰	/ 050
伟大的理想	林中洋	/ 053
扳倒总统尼克松的女人	戚锦泉	/ 055
让梦想照亮未来	邓笛/译	/ 058
生死赌局	张世普	/ 061
脚前那一块石阶	陈铭芳	/ 064

人生课堂

绝望是免费的	尤今	/ 066
甜饼的秘密	(美国)盖尔·乔克斯特 王悦/译	/ 068
真正的幸福是什么	(日本)黑柳彻子	/ 070
良心的安抚	星竹	/ 073
猜心	刘墉	/ 076
境由心生	邓笛/译	/ 079
萝卜花	丁立梅	/ 081
玫瑰大师	王蒙	/ 084

我的垃圾工丈夫	（美国）鲍伯·帕克斯 /	086
剧痛后才会不留疤痕	凌泽泉 /	090
饥来吃饭倦时眠	张海静 /	092
威利·卡瑞尔的万灵公式	（美国）卡耐基 /	094
顽强的美丽	徐连祥 /	098
生命常常是如此之美	乔 叶 /	101
艺术家突然逝去	任 兰 /	104
跳舞的老人	周 平 /	106
空出点时间看流星	（美国）马克·克劳福 /	109
欣赏生活	佚 名 /	113

人生路标

就这样成功	杜云生 /	116
成功的悲哀	陈 晴 /	120
绕过壁垒，成为领跑者	唐 骏 /	122
你不能失败	刘 墉 /	125
坚定的后果	（美国）阿瑟·莱恩汉姆 /	128
错失的机会	云 弓 /	130
请别单独用餐	佚 名 /	132
付出是痛苦的"解药"	杨基宽 /	135
我是这样晋升的	海 岩 /	138

上世纪早期的招聘启事	（美国）弗兰克·克莱恩 / 141
侧对步马	郭彩凤 / 143
控制自己的情绪	（美国）卡耐基 / 145
迈步前行	马付才 / 148
真假顶峰	李 群 / 150
输给自己的心	兰精灵 / 152
拒绝极端	李开复 / 154
演出就要开始	蔡吉功 / 157
弱点的价值	佚 名 / 159
想成功的人请举手	王 磊 / 161
与其早成功，不如晚成功	曾仕强 / 164
不争气的马	薛贤荣 / 166
每个人都有两张照片	沈湘/译 / 168
成功的跨国应聘	刘慧英 / 171
我在美国中工作	沈农夫 / 174

人生转折点

幸存者	朱 砂 / 177
做什么都要尽力而为	（美国）帕特·奥布瑞恩 / 179
先进去再说	岳晓东 / 181
贫穷永远是自己的错	（英国）斯威夫特 / 185

目 录

困境中，不要羞于求助	魏西友 /	188
校正一下方向再跑	成　彪 /	191
那一刻决定成败	沈　湘 /	194
祖母的智慧	刘宇婷/译 /	196
章鱼的艰苦跋涉	李起/译 /	198

把生活的时代变为最好的时代

◎（美国）杰恩·奥特

这些日子，有不少人失业，找不到工作，不由得使我想起了当年。那时，我刚离开出生长大的故乡——位于俄克拉荷马州的农场。我在小镇切尔谢找了一份铁路局电报发报员的工作。我上的是夜班，从下午4点直到半夜。我值班的时间很长，我需要有些事可做来打发时间，以不致让自己闷得发慌。所以，我决定把自己的吉他带在身边。闲时拿出来自娱自乐，边弹边唱。那时，正值大萧条时期，铁路局也和现在一样，入不敷出。大批工人失业，看样子，好像我也将很快加入失业大军。

一天晚上，我值班，正在弹着吉他唱歌，一个男人走了进来。这人我不认识，他是来小镇看望他妹妹的。他要发一份电报。"别停下来，"他对我说，"接着弹吧。"于是，我弹着吉他为他唱了几支歌。

"孩子，"他说，"你该到广播电台去找工作，你唱得不错。"然后，他写好了电文，递给我，我看见他的签字是"威尔·罗杰"，我肯定听说过他，因为他曾为一些报纸写过专栏作品，在百老汇也是个挺有名的人物。但是，当时，我并没有认出他来，因为他还没有走向银幕。再说，即使他已经拍过电影，但当时的小镇切尔谢也还没有一家电影院呢。

他走了以后，我才反应过来原来我遇到了一个名人。后来的一段时间里，我暗自思忖，如果威尔·罗杰都说我不错的话，我可能真的应该试一试。这么一想，我有了勇气。我试着走出小镇，寻找能给我机会、让我唱乡村牛仔歌曲的广播电台。后来，我终于在图尔萨找到了一家这样的电台。

那时，全国的广播电台都充满了萧条时期的坏消息。我要到俄克拉荷马州以外的地方去发展歌唱事业的想法，在当时似乎并不被看好。但是，有一天，我读到拉尔夫·瓦尔多·埃默生曾说过的一段话："如果我们知道怎样利用机遇的话，那么，我们所处的这个时代，就会和其他任何时代一样，是一个非常有利于自己发展的时代。"

"对极了！这就是真理！"我对自己说。我把这些话想了很久，最后，我决定到纽约去，去寻找那里的唱片公司。

机会被我找到了，我终于灌制了一张美国西部歌曲的唱片，并且，我的这张唱片很快便畅销起来。不久，我又到了好莱坞，在影片里扮演唱歌的西部牛仔角色。

所以，我认为，如果你正确地估量自己，善于抓住所有的机遇，然后尽快行动起来，去争取，去努力，去做，你就能发现该做些什么，就能真正把你自己生活中的这个时代变为"最好的时代"。

不管这一切在开始的时候看上去是多么地艰难，也不管你生活的那个时代实际上并非一个最好的时代，但是你的未来的关键完全掌握在你自己的手里。

你不能没有激情与勇气

◉ （美国）唐纳德·基奥

这是可口可乐公司前总裁唐纳德·基奥在艾默里大学毕业典礼上的讲话。

我刚刚从可口可乐公司总裁的位置上退下来，没有了工作，同样也正在找新的工作。我猜想，你们当中有不少人也在做着同样的事。因此，你瞧，我们大伙儿都一样。

我的忠告是：不用慌。我在大学时读的是哲学。我可以坦白的告诉你们，40多年来，我一直在看招工广告，希望能看到一条广告说："招聘哲学家，薪高，额外津贴多。"可是我知道，毕业典礼上的演讲人的作用很明确，他应该多出些主意。

回顾自己的一生，从依阿华州的一座农场开始，直到坐进亚特兰大一座大厦的豪华办公室，我要是能告诉你们，这是一种痛苦而令人难以忍受的经历，那就好了。然而它不是。在某些情况下，失望和忧虑的磨炼只会使生活变得快乐和振奋。你们可能会问为什么，这问题我想得很多。几年前，剧作家尼尔·西蒙说他在想，怎样才能确切表达出他一生的主题。他的结论是，有一个词可以最恰当地描述，那就是"激情"。他说，激情是主宰和激励我一切才能的力量，如果没有激情，生命会显得苍白和凄凉。当然，他是搞艺术的，但是请相信我，朴素的真理是适用于一切活动领域的。它一直是我生活的核心。无论你们是从事商业，从事科学还是法律、宗教或教育；无论你们是绝顶聪明，还是和我们常人一样资质平平；无论你们是高矮胖瘦贫富，你们是怎样的人并不重要，如果你希望生活得有成就感，希望生活得充实，有一样必不可少的东西，那就是："激情"！

你们知道，有些悲剧会降临到某些人身上，尽管他们受过良好教育，有了硕士学位，经常出入于知识界名流的殿堂，只要不加谨慎，就会变得玩世不恭。他们摆脱不了男人和女人身上常见的缺点和弱点。我告诉你们，缺点和弱点是客观存在。世界，特别是人类，总是在不断变坏。年轻一代更是如此。圣奥古斯丁、亚里士多德、荷马，乃至古亚述人，当年都谴责过青年人不尊敬老人、不守规矩、不诚实等。总之，不像他们当年的美好时光了。

我感到有趣的是，婴儿潮时期出生的一些人现在正走向成熟。他们抱怨说，如今再没有优秀音乐了。但我必须说，我在当初绝对不会想到，在我们回顾往事时，会把70年代当作创作出伟大音乐作品的时期。我有一位当建筑师的朋友，他说，如果给我一台照相机，我可以从不同角度，把世界上任何地方的最优秀建筑师的新建的房屋，拍成行将倒塌的样子，因为我可以在上面找出五六个或七八个瑕疵，然后把镜头对准它们，就可以使人们相信整个建筑已经摇摇欲坠了。在社会上，总有一些人喜欢把镜头对准日常事件，如果我们让他们拍摄我们的生活，我们将会感到沮丧、忧虑和痛苦。因此我站在这里，看着2 400位从19岁到65岁的毕业生，经过自己的努力终于有了今天，你们取得了成功，还在准备继续前进，我请你们做到追求真善美，因为我相信真善美这三种品质代替了95%的人类的工作。要谨防一些人把摄像机的镜头对准我们生活中的瑕疵和缺点。我不是说我们不应该面对现实，不是说我们应该闭目塞听，也不是坚持说这个世界已经完美无缺了。不，这个世界不可能完美无缺，但我们可以使它变得美好起来。你们2 400人可以使它变得更加美好。但你们必须相信自己确实能够产生影响。

　　什么时候才是最好的时机呢？什么时候才是办企业、写一部书、登山、冒险、完成一项壮举的最好时机呢？我愿意告诉你们，如果你是一个悲观主义者，那就永远不会开始。我曾有幸见过海伦·凯勒。她本来有一切理由成为悲观主义者，然而

她却说，悲观主义者永远不会发现星球的奥秘，也不敢航行到地图上未标明的土地，更不敢开辟通向人类心灵的新天地。客观环境总是不完美的，这是一个简单的事实。如果你要寻找一个简单的解决办法，你也许得找出一些借口，设计好退路，然后再开始。我的观点是，就未来而言，并无所谓不可避免之事。相反，未来是一系列无穷尽的可能和机遇，我们的责任便是充分地利用这些可能和机遇。

我把人的大脑看成是一块海绵，经过长期的发育，它的主要功能是吸收知识和技能，以及各种各样的事物。我敢肯定，在座的某些医生正在对我说的医理皱眉，但我仍要说下去。我们以后步入了社会，海绵胀得鼓鼓的，于是我们开始压挤它，就是说轮到我们把信息和智慧向他人传授了。

我们挤了又挤，为的是把里面存储的东西取出来。当某些人不停地挤，天天地挤，不停地使用里面存储的东西时，终有一天会挤得空空的，变成又干又硬的一团。他们发表千篇一律的演说，写着雷同的文章，说着老生常谈的话，用万古不变的方法解决新出现的问题。他们永远在原地踏步，束缚在时代的局限里，他们的头脑里满是萧条时期、二次大战、60年代、90年代，这就是他们的现状。但也可能有另一种现状：重新充实那块海绵。在你们的一生中，要像在学校读书时一样，不断地选修新的课程。我不是说，要你们真的去选课，而是说要接近世界。整个世界是一张精彩的无穷尽的课表，你们要从中吸收到新鲜而营养丰富的生命之水。

现在我劝你们用不断更新的热情对待你们的未来。我还要向你们推荐一种价值体系。你们也许注意到了，出版物正如春潮一般充满了论述价值观的作品。价值观和道德观看来又重新时髦起来了。但我和诸位都知道，价值观不是时髦，而是文明的基础。我们看重的是自由、正义、责任、慈善、诚实、宽容、法制、宗教、信仰和自我——这一套戒律规范着我们的行为。你们已经用了许多宝贵时间去检验和评价过许多思想和理想，试图确定什么是好的，什么是更好的，要以什么指导我们的行动。在你们整个一生中，当你们需要作出道义上的决定时，你们将继续进行这种检验和评价。我劝你们，不要放弃这种责任，不要害怕作出道义上的决定，因为犹豫不定将一事无成。

现在我并不劝你们去买一副望远镜。我劝你们要有梦想的勇气。审视一下自己的内心，仅仅反问一句："我究竟希望有怎样的前途？"然后保持实现自己理想的热情和道义上的信念。

对即将离校的优秀儿女来说，我们生活的时代是多么美好和精彩啊！不论你们从事什么事业，新的事业、新的挑战、新的机遇每天都在出现。罗宾·威廉推广的一句拉丁谚语是"把握今天"。把握住今天，也就是把握住了未来的日子。亲爱的毕业生们，请记住，生活不是一场彩排。生活中的成绩不是我们的目的地，而是一段旅程。

　　愿命运的风风雨雨使你们的一生充满欢乐和希望。表现出你们的热情吧！

灵光闪过之后

◎ 谁谁谁

台湾一个电子工程系的毕业生，平生最爱读魔幻小说，在读完英文版《指环王》后，发现台湾中文译本简直不忍研读，于是大义凛然写信给出版社，要求推倒重译，并自荐担此重任。由于他慷慨地表示，如果重译本销售量不到1万册，他分文不取，出版社竟真的与这个冒失的读者签订了翻译合同。结果就像所有童话故事里的情节一样，重译本一纸风行天下，电工小子一夜之间赚进相当于人民币六七百万元的资产。

一切都在他毅然把信投到邮筒的那一刻起改变了。憎恶最初译本的一定不止他一个，而其中曾经灵光乍现产生过自己重新翻译念头的也应该不止他一个，不同的是，他想到了，并且去做了。最近碰到一个服装设计系毕业的学生，现在从事着自己所不喜欢的市场推广工作。她有强烈地设计饰品的愿望，不过在激情四溢地演讲完自己的想法后,她马上又接着说:"现在时装饰品的竞争也已经很激烈了,现在创业已经比别人晚了一步。再说,中国市场都有点崇洋媚外,做本土的品牌很难出头……"就这样,她一边点燃灵光的火苗,一边又毫不留情掐灭了它。

事实上,千千万万闪过的灵光,就是这样又被创造它们的主人们亲手掘土埋葬了。

人群分类法

◎ 张小失

傍晚，城市广场上来了一群学生模样的人，由一位教师带领。他们竖起一根 3 米高的竹竿，顶上用细绳挂着一套《红楼梦》，竹竿旁边立着一块大纸牌，写道：智力小测验——不倒下竹竿而获书者，奖励此书。××学校课外活动小组敬启。

很快来了一些看热闹的人，议论纷纷，觉得怪有趣的。而教师和学生们在附近坐成一圈，静观事情的进展。

看热闹的人越来越多。竹竿周围变得嘈杂了。他们抬头盯着书瞅，有的独自沉思，有的互相商量，但没有人想出办法来。教师对学生们说："注意观察，给人群分类。"

这时一个观众问："嗨，我说，我搬凳子来拿下书，算不算数？"教师点头笑道："只要竹竿没倒，当然算数。"看客们大哗："啊？这么简单？我以为好深奥呢！"于是散去一批人，但没有谁赶回家搬凳子来取书。

又一个观众问道:"是不是有更巧妙的办法?"教师回答:"应该有吧。但我们这里没有什么标准答案,也想请教大家,集思广益。"说话间,又聚拢一些看客,对着题目或沉思,或讨论。时间就这么流逝着。竹竿依然稳稳地立在那里。教师对学生们说:"其实生活中的很多事情都像这样,看似简单,但一时就没有人办到,所以,即使简单,在没有办到之前,就是一种困难。"

说话间,来了一位挂拐棍的老者,看见启事,他很高兴,问:"真的吗?这套书好啊,我倒是想要。"围观者起哄:"老人家,想要就拿去吧!"老者转身向旁边一个人借了支烟头,用线绑在拐杖头,举臂,烧断挂书的细绳——啪!《红楼梦》掉在了地上。

教师和学生们热烈鼓掌,围观者哈哈大笑,老者怪不好意思的。教师上前拾起书,交给他说:"谢谢您,老人家,这书归您了。"在围观者或羡慕或奇怪的眼光中,老者拎着书走了。

收拾"实验器材"的时候,教师对学生们说:"大家看到了,围观者至少有50人,大部分在看热闹;少数人想出办法了,却不实施;而最后付诸行动的,却是一位行动不便的老者。你们将来面对的人群,大体上也就是这三类。不要老是抱怨社会竞争激烈,从某种意义上看,那只是围观者在一旁议论纷纷时制造的假象。只要你愿意行动,即使自身条件像那位老者一样弱,也有可能收获最后的果实。"一个学生提出新想法:"老师,毕竟只是一套书的小诱惑,如果竹竿上挂的是金砖,我敢肯定,会有人抢着回家搬凳子。"教师一挥手:"错了!真正的行动者哪会那么迂腐,完全按照既有规则办事?他会直接打倒竹竿!"

一个橘子成就的梦想

◎ 姜平章

悉尼歌剧院是与印度泰姬陵、埃及金字塔比肩的世界顶级建筑。它是 20 世纪建筑史上的奇迹。

而令人意想不到的是,这样一个令世人惊叹的建筑,竟出自丹麦 38 岁建筑师琼·伍重的灵机一动,而这个灵机一动,竟然与一个橘子有关。

当征集悉尼歌剧院方案的时候,琼·伍重也得到了这个消息,他决定参加这个大赛。他从资料里,从人们的回忆里,甚至从人们的想象里寻找悉尼。他不但寻找悉尼的地理环境、风光,还包括人们对它的感觉、赞美和对它未来的猜想。然后他日思夜想,废寝忘食地埋头于他的方案中。他研究了世界各地歌剧院的建造风格,尽管它们或气势宏伟,或华美壮丽,他都没有从那里获得一点灵感。

这是在南半球一个十分美丽的港湾都市海边建造的歌剧院，必须摒弃一切旧的模式，具有崭新的思维。

早上，晚上，他沉浸在设计里；一日三餐，是饱，是饥，他浑然不觉。一天一天过去，截稿日渐近，却仍无头绪。有一天，妻子见苦苦思索的他又没有及时进餐，就随手递给他一个橘子。沉浸在思索中的他，随手接过橘子，神情却依旧漠然。他一边思考方案，一边漫无目的地用小刀在橘子上划来划去。橘子被他的小刀横的竖的划了一道又一道。无意中，橘子被切开了。当他回过神来，看着那一瓣一瓣的橘子，一道灵感的闪电划过脑海的上空。

"啊，方案有了！"

他迅疾设计好草图，寄往新南维尔士州，于是，20世纪世界上最伟大的建筑——悉尼歌剧院诞生了。

如今，在悉尼——这世界第一美港的贝尼朗岬角上，三面临海的歌剧院，如扬帆出海的船队；又像一枚枚巨大的白色贝壳矗立海滩。船队可以想象成壮士出海，贝壳又可以想象成仙人所遗留……日中，它是白色的，日暮，它是橘红色的。不管它怎样变幻着色彩，都与周围景色浑然一体。因了它，悉尼，被赋予想象：海波是舒缓的，白帆是饱满的，贝壳是静态的……浑然天成，一种奇妙的组合。在人们心目中，悉尼歌剧院，已经成为一种海的象征，艺术的象征，人类精神的象征。

尽管，从草图到落成，中间经过了波折，停滞，工程款搁浅，责难……等等，以至于琼·伍重愤怒而去，以至于歌剧院1959年3月动工，历时14载才于1973年10月落成，尽管有人事后还说三道四，毕竟不重要了。社会的惊叹和英国女王伊丽莎白二世不远万里赶来剪彩足以说明它的成功。

奇迹就是奇迹：琼·伍重的小刀在橘子上划过，无意中获得了悉尼歌剧院的外观造型；他的小刀的无意划过，触动了一个科学原理：球体网割弧线分割法。

在澳大利亚，当导游安妮讲起这个故事时，表情无限向往。略略沉思，她说了一句话，或许对我们每个人都有启示：人，不能轻易丢掉自己的梦想。

他只有45天

◎ 苗祖荣

他在北京最繁华、客流量最大的地段之一的一座三层楼前，被一则招租启事吸引了，启事上说：产权拥有者欲将这幢三层楼出租，年租金40万元，租金一次性交清。

能在前门这样的黄金地段拥有一家店，就意味着拥有一棵摇钱树。但同时他又被昂贵的租金、苛刻的付款方式难住了。要知道，他只有区区的5万元钱，只是年租金的1/8，如何才能一口吃下这个胖子呢？他冥思苦想起来。

他想到了一个富翁致富的故事，这个人是卖芝麻糖发家的，他说，糖一块钱一斤，芝麻一块多一斤，如果把糖和芝麻合制成芝麻糖，再以双倍的价格卖出去，那么，每卖一斤芝麻糖就能净赚成本的2至4倍。就这么一斤一斤地卖芝麻糖，这个人最后终于赚了大笔的钱。

这个故事给他的启发很大，于是在他的脑子里也酝酿了一个"芝麻糖"的计划。

他找到房主，他请房主给他 45 天的期限，先把 5 万元钱交给房主作为定金，并与房主签订协议，协议规定：45 天内，他把年租金 40 万元交齐，若 45 天拿不出租金，房主没收定金，房子另租他人。

租房协议签订后，他到一家装饰公司，凭着租房协议，他与装饰公司签订装修协议。协议规定：装修公司在 25 天内按他的设计思路把房子装修一新，45 天后，付装修费。

接着，他凭着租房协议和装修协议，与 5 家商场签订赊销协议，又以赊账的方式购置了地毯、桌椅、厨房用具、卡拉OK 设备等，其价值和装修费用达 70 万元，装修后的楼房，是个中档饭店。

与此同时，他四处张贴招租广告，在不到 20 天的时间，有 10 多位有意者前来洽谈，最终，他以 140 万元的价格转租出去。这样，在短短的 45 天，他通过自己做的"芝麻糖"，净赚 30 万元。

逾越一朵花的距离

◎ 感 动

香子兰是一种豆科植物,它在花落后会结出豆荚形的果实。成熟的香子兰果实晒干变黑后,就会成为散发浓郁香味的香料,这种香料,可以被广泛用于食品和化妆品。由于产量低,其价格仅次于藏红花,是世界第二昂贵的调味"香料之王"。最初,香子兰只生长在墨西哥,这是因为只有墨西哥特有的长鼻蜂才能给它授粉结果。因为香子兰果实的珍稀与贵重,当地的印第安人部落经常为争夺它发生武力冲突。

1793年,南印度洋留尼汪火山岛上的居民引进了香子兰和为之授粉的长鼻蜂。那年春天,香子兰在岛上生长茂盛,并开出了淡黄色的花朵,这令留尼汪人很高兴。但令人们想不到的是,那些长鼻蜂竟然出了问题:它们无法适应火山岛上的生活,最后都死去了,而当地蜜蜂对这种外来植物毫无兴趣。

香子兰的花期短暂，每朵花只开一天，没有授粉者，就意味着这些花朵全部凋谢也结不出一颗果实，人们心急如焚，却只能眼看着花谢而绝望。

一天，一个心有不甘的留尼汪人偶然用手捻了一下一朵香子兰花的花蕊，没想到这一捻竟捻出了奇迹，不久以后，这株香子兰结出了香喷喷的果实。这样，岛上的人们才知道，香子兰是雌雄同体的植物，没有长鼻蜂，人工也可以为它授粉。这个发现，使得香子兰的足迹开始遍及世界。

如今，每当香子兰花开时，人们只要随身带一个长长的针，刺一下花蕊，就完成了授粉任务。

香子兰的故事告诉我们：有时，希望与我们只相隔一朵花的距离，有些人因为无动于衷、消极等待而失之交臂，而有些人只是动了一下手指，奇迹就会出现在眼前。

我们就是世界

◎（美国）温何·花·布劳恩

两三年前，一次经历影响了我的信仰体系，以至于永远改变了我对世界的看法。那时我参与了一个名为"生命之泉"的意在开发人自身潜能的组织。我和其他50人还接受了为期3个月的"领导才能工程"的培训。某周的例会上，大家提出了一项富有挑战性的举措，从那天起，我对生命的意义有了新的理解。这项举措意在为洛杉矶市1 000名无家可归者提供早餐。此外还要求搞些衣物来分发给他们。最要紧的是，我们还不能自掏腰包，不能动用本人的一个子儿。

可是我们中没有一个人在餐饮业或类似行业里工作，我的第一个反应就是："哎呀，这不是勉为其难吗？"然而我们还被要求在周六上午做好所有这一切。现在已经是周四了，我更加预感做成这件事简直是太不可能了。我想不光是我一个人如此认为。

环顾四周,我看到50张板得紧紧的,好像刚刚擦过的黑板的面孔。没有一个人对怎么着手这项工作有一点头绪。然而更意想不到的是——既然没有人站出来表态服输,那我们只好硬着头皮说:"是,可以,我们一定能做到,没问题。"

于是一个人提议道:"那好,我们要分一下组。一组去搞食物,一组去搞厨具。"又有一个人说:"我家有台卡车,可用来拉家什。"

"太棒了!"我们叽叽喳喳地叫起来。又有人补充道:"还要一组负责招待和募集衣物。"我还未及多想,就被任命为联络组组长了。

到凌晨2点钟,我们列出一个单子,写下所能想到的应做的每件事,然后把任务分配给每个小组。之后回家小睡一会。我记得我把头搁到枕头上时还在念叨:"上帝,我简直不知怎么办才好,一点头绪都没有……但是我们要全力拼一下。"

6点钟,我被闹钟吵醒,几分钟后,2名组员来了。我们仨和组里其他人要试着在24个小时之内为1 000名无家可归者提供早餐。我们翻出电话号码簿,给我们列出的每一个也许能帮上忙的人打电话。我第一个电话打给范恩合作总社。听完我的说明,那边告诉我说他们必须递交一份要求供给食物的书面材料,而且需要两周才能获准通过。我耐心地解释说我们等不了两个礼拜,我们需要当天弄来,最好在天黑之前弄到。那个部门经理说她一个小时后给我回话。

我又给西贝格尔公司打电话,重申了我们的要求。老板爽快同意,真让人喜出望外。

我们一下有了1 200个过水面包圈。等给扎基农场打电话想从那里搞到些鸡肉和鸡蛋时,我的呼机响了,同伴告诉我说他在汉森果汁公司搞到了一卡车新鲜的胡萝卜汁、西瓜汁及其他种类的鲜果菜汁,汉森公司愿意把它们捐赠出来。范恩合作总社的部门经理回电话说她为我们搞到了各类食品,包括600个面包。10分钟后又有人打来电话说他们打算捐献500个玉米煎饼。实际上,每10分钟都有一个组员打来电话告知他搞到了多少多少的东西。"哦,难道我们真能把这桩事办好吗?"我不禁想。

经过18个小时的紧张工作,我最后在半夜时驱车到翁绍尔面饼圈公司去拉800个面饼圈。我把它们小心地码在客货两用车车厢的一边,这样我就有地方去装那1 200个过水面包圈(我已定好5点钟内去拉它们)。

经过几个小时必要的休息,我跳进车里,在西贝尔格公司的催促下,装上那些过水面包圈(这时候我的车子闻起来像个面包炉),然后直奔洛杉矶。已经是周六早上了,我真有些疲惫不堪。5点45分,我把车开进停车场,看到组员们在搭设工作炉,给氢气球充气,设置简易厕所——我们什么都想到了。

我赶紧下车开始往下卸成袋的面包圈和一箱箱的面饼圈。上午7时，停车场门前排起了长队。我们赈施早餐的消息在附近的贫民窟中不胫而走。排队的越来越多，一直延伸到街上，绕了整个街区一圈多。7点45分时，妇女甚至连小孩也加入了就餐的队伍中。他们的盘子中装满了热炸鸡、煮鸡蛋、玉米煎饼、面包圈、面饼圈和其他食品。旁边是一堆堆叠放整齐的衣物。到天黑时，这些衣物都会被领走的。喇叭里响着激动人心的演说："我们就是世界。"我面前人头攒动，不同的年龄，不同的肤色，都在尽情享用着早餐。到了上午11点，食物发放完毕，总共让1 140名无家可归者吃上了早餐。

我们成功了，在不到48小时内为千余名无家可归者提供了食物。这次经历对我影响尤为深远。时至今日，每当人们告诉我说他们想做什么事但又觉得没有把握时，我会在心里说："是的，我知道你的意思。我也曾那么想过……"

最大的对手

◉ 陈 萌

她是一个普通女孩，甚至是不幸的，因为从小目睹家庭暴力长大，心中一度充满绝望的仇恨。

母亲因小儿麻痹后遗症，必须依靠双拐行走，但心地善良，为人乐观。父亲的腿部也有残疾，重男轻女，脾气火爆。因为酗酒了，因为工作不如意了，因为鸡毛蒜皮的事儿，就会对母亲拳打脚踢，事先都把母亲的双拐扔得远远的，不许逃跑！

她心疼母亲，尝试去保护母亲，可是小小的她，被父亲一推就狠狠摔倒了。起初，她只能紧闭双眼，拼命堵住耳朵，躲在墙角瑟瑟发抖，泪流满面。渐渐地，她握紧了自己的拳头，在心底大声发誓："我一定会打倒你的，保护妈妈！"

用什么方式保护呢？她渴望长快点，长高点，变成健壮强大的巨人！当时她的体育成绩不错，长跑尤其出色，也练过篮球和排球，可是这能保护母亲吗？下次父亲再动粗，自己背着母亲能逃掉吗？

有一天，她无意中看见电视里的拳击比赛：长拳直拳勾拳，每一记都那么有力！腾挪闪跳，每一次都扣人心弦！近距离地搏斗，迅速打倒对手——这不是她一直想要的胜利吗？于是，15岁的她瞒着家里人，偷偷报名，参加了体育学院的拳击训练队。因为训练刻苦，啥也不怕，她很快得了"拼命三郎"的外号。那时，我国女子拳击刚刚起步，陪练的都是重量级的男运动员，她常被打得鼻青脸肿，鼻梁也被打断过几次，鲜血喷涌而出。但她丝毫不怵，照样出招凶猛凌厉，不肯退缩，常常让对方招架不住。

下场后，教练看着她血迹斑斑的训练服，语重心长地说："孩子，学拳击也不能太拼命啊！"

每次她带伤回家，母亲都心疼不已，问长问短："囡囡，怎么练长跑、打篮球，身上会有淤青？""怎么跌得鼻梁都断了？"她总是哈哈一笑，找来各种借口，让母亲放心。

1995年，我国第一场拳击对抗赛在沈阳市于洪区文化馆举行，17岁的她因出手狠、爆发力强、防守反击迅速，也是选手之一。她终于决心邀请母亲观看。

那一次比赛惊心动魄，台下的母亲看着女儿和对手顽强对抗，心蹦到了嗓子眼。一场比赛下来，她不由冷汗涔涔，眼看女儿夺取了最后的胜利，竟然潸然泪下。

回家的路上，母亲问：为什么学习拳击？

女儿说，为了保护你，我也要有一双大拳头！

母亲握住女儿那双筋骨突出的手，看着女儿说：希望你是真的喜欢拳击，不要怀着仇恨学习，妈妈会更开心！

女儿不回答，半天才敷衍了一声。离家去学习前，她仍然警告了父亲："你再敢动妈一个手指头看看！"

有一次，她从学校回家探望，一进门，就听见母亲痛苦的呻吟——母亲已经被打倒在地，动弹不得，父亲仍在用脚使劲踢着母亲的头！她着急了，飞身上去，两记"后手直拳"，分别打在父亲的鼻梁和后脑勺上，让父亲连连后退，毫无招架之力，狼狈地逃出门去。她抱住母亲，哭着说：妈妈，对不起，我来晚了一步，您受罪了！

不久，她的父母离婚了，她懂事地安慰母亲说："没有感情的婚姻早该结束了，祝贺您终于拿到了这张解放证！"当天，她还请伙伴们和母亲一道吃了顿热闹的饭。待酒席散了，她第一次问母亲："您是不是很恨他？"

母亲语重心长地说："从此我们的生活已经与他无关，他只是一个外人，是不是？我知道你之前学习拳击是出于仇恨，但从此你要为你自己拼搏，这样才更幸福——答应妈妈。"她思索片刻，终于郑重地点点头。

在母亲的谆谆教导下，她心无旁骛，进步很快，此后连续

3年获得全国女子拳击赛的冠军。不久，她又在美国举行的首届世界女子拳击锦标赛上，夺得57公斤级冠军。她就是我国第一个女子拳击世界冠军，张毛毛。电视上的她，永远是那样阳光灿烂，丝毫不见往事的阴影。有次接受记者的访问，问她是否能原谅自己的父亲，她笑着说："仇恨就像一所房子，会把人关在里面，不得自由。我早就释然了。我的生命是两个人给予的，虽然我只记得母爱，但同样感到满足和幸福。"

每个人最大的对手就是自己。如果你能战胜自己的仇恨，走出阴霾的昨天，你也能成为幸福的人，获得自己人生的奖章。

不可阻挡

◉（美国）汤姆·多兰

我吸了口气，登上出发台。这是一场至关重要的比赛，我整个运动生涯的目的所在——1996年亚特兰大奥运会400米个人混合泳决赛。我将挑战世界最优秀的7名个人混合泳选手，其中包括我的劲敌，埃里克·纳米斯尼克。要夺得金牌，我必须游出最好成绩。

我作了一次长长的深呼吸，把看台上成千上万的观众抛诸脑后。氧气进得那么慢，仿佛我在通过吸管吮吸一样。我患有哮喘，严重的哮喘，而且还有一支异常狭窄的气管。医生说我的肺仅能发挥10%的功能。换言之，我吸入的氧气量只有对手的1/10。1/10！想像一下吧，一辆油箱小10倍的赛车要和一大群赛车比拼，还要跑得最快！"拼搏的时刻到了，"我对自己说，"现在，为了最后400米而战！"

从5岁起我就为这一刻而努力了。最初跳进游泳池只是要证明我能比姐姐游得快。到了7岁,我一年四季都离不开游泳池了。父母总是教导我:"你对生活投入多少,才能向它索取多少。"这也正是我喜欢游泳的地方。如果我努力,我就会赢;如果松懈,就会输。一切就这么简单。

12岁那年一个寒冷的冬日,我正在户外跑着玩,猛然间,我感到胸口发紧,一点儿空气也吸不进来。伙伴们围了过来:"汤姆,你还好吗?"我把手放在膝盖上,休息一会儿似乎好多了。"嗯,我没事。"我喘着气说。但是那天我没力气再跑了。

我以为自己只是得了重感冒,就没对父母说。但不久,同样的情况又发生了,这次我不得不告诉了他们。我们立刻去看家庭医生。

症状表明,我患了哮喘。医生给我做了过敏试验,因为哮喘也许是过敏引发的。结果我有一大堆过敏物:花粉、灰尘、真菌孢子。更糟的是,我对氯气也过敏。"有些孩子长大后哮喘会自行痊愈,"医生说着递给我一个急救用的普通喷雾器,"要是你感觉透不过气来就用这个,要是还不行就来找我。"

哮喘并没有妨碍我的训练,这真是万幸。我的训练日程相当紧张。早上4:30起床;5:00至7:00在华盛顿的美国大学游泳;随后去弗吉尼亚州阿灵顿的中学上学;下午3:30再赶回美国大学训练,直至下午6:00。个人混合泳运动员必须精通各种泳式。头一天,蛙泳;第二天,自由泳;第三天,蝶泳;第

四天，仰泳，这样周而复始，每周训练7天，每天平均游15 000码。

我接连在体育比赛中获奖，渐渐崭露头角。15岁时，在全美青少年游泳锦标赛上，我赢得了400米个人混合泳的金牌。我意识到，自己有可能取得非同寻常的成绩。

对于在密歇根大学开始的校园生活，我兴奋不已。教练约翰·厄本切克以培养世界顶级混合泳运动员而闻名。他的游泳队中有3位跻身世界前5名的个人混合泳选手，埃里克是其中之一。

但是入学伊始，我的训练就不在状态。我总是生病，体重不断下降。那年秋天，由于宿舍在一楼，每当我打开窗子，灰尘和碎叶都会随风而入。我的过敏症从未如此严重过，但是我始终坚持训练。最后，教练带我去看一位治疗哮喘和过敏症的专家。

我们听到的是坏消息。

"你不仅有过敏性哮喘，还伴有运动引发的哮喘，"专家说，"你的训练越紧张，病情会越严重。"

于是我找到另一位专家，他发现我的气管比常人窄得多，是先天的。他给我使用了一系列药物喷雾器，制定了全面的治疗方案。

即便如此，药物也无法支持我的高强度训练。如果我减少训练量，就不可能保持顶尖选手的水平。有时我也不得不困惑：难道一名国际顶尖的游泳选手会如此不幸，被哮喘断送了运动生涯？

大二那年，游泳队离开寒冷的密歇根，飞往夏威夷做两周的强化训练。在一个私立学校的游泳池里，我正在与队友们比赛。赛到一半时，我的胸部骤然紧缩，仿佛被人用一根皮带死死勒住一样。我想吸气，空气却进不来。继续游，这种事我经历过。只是这一次来势过于凶猛。

我挣扎出水面。教练伏在池边，递过喷雾器。我喷了一下，又一下。太晚了，我的肺张不开。我头晕目眩，气喘吁吁地对教练说："我看到黑点。"那是我记得的最后一件事。我恢复知觉时，发现自己躺在急救室里，戴着吸入药物的面罩。医生说："你的哮喘这么严重，类似的情况肯定会再发生。你必须更仔细地监测自己的病情，假如你想继续游泳的话。"我没法忽略他强调"假如"时那怀疑的语气。

他在暗示我作出选择——抗击或是放弃。事实上，我别无选择。如果我活着总是担心什么事会变糟而放弃尝试与努力，这辈子我将一事无成。每个人都有缺陷，也都有长处，我们要做的就是尽力不辜负我们的（上帝赋予的）生命。

第二天，我重返游泳池，满腔斗志地投入新的训练，同时比任何时候都更留心自己病情的变化。这就是取胜的关键——要像重视游泳比赛一样重视哮喘。在向 1996 年奥运会挺进的前一年，我保持着 400 米个人混合泳的世界纪录。

此时此刻，我站在亚特兰大的出发台上，准备向金牌冲击。

我感到信心十足。一个念头一闪而过：如果我没有被迫与病魔作战，可能我的竞争力连现在的一半都不如。他们这些人想像不到我有多么坚定，在这一点上，我已经占据了真正的优势。

出发的笛声响了。8个人跃入水中。我的家人和朋友在看台上大声尖叫。埃里克和我并驾齐驱，一路领先。还有50米时，埃里克比我快0.03秒——仅一个指尖之差。距离最后的胜利，只有50米。没人能打败我，我告诉自己。

我奋力向终点游去。一触到池壁，我就抬头看电子记分牌。我领先埃里克0.35秒！我夺得了金牌！

后来，一位记者曾经问我："假如你没得哮喘病，你会多赢多少块奖牌？"

"也许我一枚也得不到，"我回答他，"因为如果没有疾病，我就不会懂得怎样战胜困难，征服厄运。"我不会挖掘出自身巨大的潜力——潜力就是（那是上帝赋予我们每个人的）克服弱点，转弱为强的力量。

绝境里的机会

◎ 感　动

智利北部有一个叫丘恩贡果的小村子,这里西临太平洋,北靠阿塔卡玛沙漠。特殊的地理环境,形成了多雾的气候。可浓雾也丝毫无益于这片干涸的土地,因为白天强烈的日晒会使浓雾很快蒸发殆尽。

一直以来,在这片干旱的土地上,看不到绿色。

加拿大一位名叫罗伯特的物理学家来到这里。除了村子里的人,他没有发现多少生命迹象。但他有一个重要发现,那就是这里处处蛛网密布。

为什么只有蜘蛛能在如此干旱的环境里生存下来呢?罗伯特把目光锁定在这些蜘蛛网上。借助电子显微镜,他发现这些蜘蛛丝具有很强的亲水性,极易吸收雾气中的水分。而这些水分,正是蜘蛛能在这里生生不息的源泉。

人类为什么不能像蜘蛛织网那样截雾取水呢？罗伯特研制出一种人造纤维网，选择当地雾气最浓的地段排成网阵。这样，穿行其间的雾气被反复拦截，形成大的水滴，这些水滴滴到网下的流槽里，就成了新的水源。

如今，罗伯特的人造蜘蛛网平均每天可截水 10 580 升，而在浓雾季节，每天可截水 131 000 升，不仅满足了当地居民生活之需，而且还可以灌溉土地，这里已长出了百年不见的鲜花和青绿的蔬菜。

世界上，从来没有真正的绝境，有的只是绝望的思维。

浓密的恩赐

◎ 谢胜瑜

几年前,在电视上乍一见到"中国第一毛孩"于震环的时候,我被吓了一跳:电视上的他,脸上、脖子上、手臂、腿部、背部的毛发长而浓密。主持人还介绍,一直以来,他的耳道也被毛发堵塞,分泌物因无法排出而堵塞耳道,导致他的听力每况愈下,听力参数比常人高出了20分贝,严重时他甚至完全听不到声音,为此,他不得不到上海接受外耳道手术。除此以外,他的鼻子很大,嘴唇宽厚,牙齿却稀疏排列不齐,迎面看去,形同"怪物"。原来,由于遗传基因缺陷,于震环不幸"返祖",他一生下来就遍体披毛,全身的毛发覆盖率达96%,每平方厘米就有毛发41根之多,被世界健力士纪录认定为"全身毛发面积最多"的人。

因为这副奇异长相,于震环每天都要面对周围人们好奇的

让人生之路越走越宽

目光,遭受一些无聊的人的戏弄和侮辱。曾经,无数次的伤害让他十分讨厌自己,他不愿意和同龄人一起玩,不愿意和任何人说话。他在心底里憎恨父母,憎恨社会,憎恨给自己带来无数心灵创伤的满身的毛发——少不更事的他心里想得最多的是:如果有一天,我走在路上不再引人注目就好了!

可是,长大以后他渐渐明白:人们的好奇心有什么错呢?自己引人注目又有什么不好?自己一出生就被拍成纪录片,6岁就主演了一部电影,靠的不就是自己身上那一身毛发吗?

觉醒的"毛孩"于震环决定进军演艺界。生活的经验告诉他,凭借自己的特殊长相,自己往台上一站,那就是"人气","毛孩"就是自己的商业招牌。他先是在人多的地方当街"卖唱",然后又被许多歌舞厅请去唱歌。17岁的时候,他被推荐到沈阳音乐学院深造。毕业后,他先是在南方发展,后又到香港、马来西亚登台表演。每次演出,他都赤裸着上身,激情而又自信的他总是一边演唱,一边走下台来坦然地和人们握手,让他们摸他身上的毛发,给他们签名,和他们合影。这样一二十分钟的演出,每次都可以为他带来几千元的出场费,宛若明星。他用挣来的钱买了房子,2003年,他还处了一个令旁人羡慕的漂亮女朋友。

2006年9月22日,已告别歌厅加入"北漂"的于震环走进了央视《新闻会客厅》,在节目里,他向观众讲了一段经历:有一次坐长途客车,半路上来了一个孕妇,这个时候车里只有他座位的旁边有一个位子是空着的,因为没人敢坐。因为她是孕妇,于震环就很善意让她到他旁边坐下来,但是她没有回应他,也没有挪身子。他知道她害怕,就跟旁边双人座位上的一男一女提出调换一下位置,他和那个男的坐在一起,让那个女孩坐在他一边,那个孕妇这才敢过来坐。

提起这一段,于震环的内心可以说是感慨万千:"我很喜欢《金刚》这部电影,我觉得我从小到大的遭遇当中,我面对的社会人群是一个白白净净的人群,是跟我完全不一样的人群,在世界上我成为独一无二的人种,可能我的境地,我自己的感受就像金刚那样,他遭遇了很多东西,比如说那个人群当中的机枪扫射,别人都抓他,拿枪扫射他,打他,其实他对人类没有任何威胁,他只是为了爱而来。"

尽管如此,于震环还是在他的博客里写道:"我的人生字典里没有妥协,没有认输,人们的排斥只会使我更加充满斗志,人们的目光不会使我受到影响,我把人生比做战场,我一定要赢得最后的胜利,然后带着我深爱的女人和孩子一起去看夕阳。"

依然有人把于震环当"怪物",依然有刀子一样的目光从他的身上划过。但现在的"毛孩"对别人的歧视已经有了免疫力。有人劝他去做全身脱毛手术,他却坚决反对,他说:"歌谁都会唱,这身毛只有我有。我之所以能有今天,有一点非常重要,那就是:从艺后,我没有把上帝对我的赐予,当作废物和累赘。"

价值缘于利用。哪怕是一身让人避之不及的烦人的毛发，只要于震环自己不轻薄它，不废弃它，那就是上帝对他的浓密的恩赐啊。

当你被摔倒

◉ 李群/译

衡量力量与勇气不能只看胜利和奖章,更重要的标准是我们克服的困难。真正的强者不一定是取得胜利的人,但一定是面对失败决不放弃的人。

安德鲁·杰克逊的儿时伙伴们都无法理解他为什么会成为名将,最终还能当上美国总统。他们认识的人当中,有许多人比杰克逊更有才能,却一事无成。杰克逊的一位朋友曾说:"吉姆·布朗和杰克逊住在一条街上,他不仅比杰克逊聪明,而且摔跤比赛四场能赢杰克逊三场。凭什么杰克逊混得这么好?"

别人问:"为什么会有第四场比赛?一般不是三局两胜吗?"

"的确,比赛应该是结束了,但是安德鲁不肯。他从来不肯承认自己输了,一定要赢回来才算完。最后吉姆·布朗没了力气,第四场安德鲁就赢了。"

安德鲁拒绝接受失败,正是这不屈不挠的精神造就了他日后的辉煌。

当你被摔倒在地,你会不会爬起来再战,直到取得胜利?

一支桨也可以遨游沧海

◎ 泅 岸

在美国夏威夷基拉韦厄，有个小女孩非常喜欢冲浪。从小她就不停地在阳光明媚的夏威夷海岸与奔腾的浪潮搏击，但一场突如其来的灾难却差点夺去她的生命。

2003年10月31日的早晨，她和朋友一起去海湾冲浪。冲了大约半个小时后，她开始躺在冲浪板上休息，顺势把一条胳膊伸到水里玩耍。没想到在这快乐而悠闲的时刻，一条巨大的虎鲨突然从海水中蹿起，她随即感到胳膊一阵撕裂般的疼痛……当她低下头看时，身旁蔚蓝的海水早已被染成了一片血红。看着顷刻间被鲨鱼咬断的手臂，她并没有恐慌和绝望，甚至连过度的挣扎都没有，因为她一转身就会掉进海水里。她冷静地用剩下的右手努力划向岸边，而目睹这一切的朋友也迅速用一条绳子绑住她的残肢为她止血。当被救护车送到最近的医院时，她已经失血达 70%，生命危在旦夕。

经过紧急的输血抢救，小女孩终于从死亡线挣扎回来，这无异于一场噩梦过后的重生。但刚从噩梦中醒来的她却在第一时间问医生："我什么时候能再去冲浪？"医生被她的勇气所震撼，安慰她说等手臂的伤口愈合了就可以去。

几个星期后，当她胳膊上缠绕的绷带被慢慢拆开时，长长的伤口呈现出来。她的哥哥顿时脸色惨白，妈妈几乎要晕倒，她那苍老的外婆独自走出病房掩面而泣。没人愿意接受这个残酷的现实，因为这一年，她才 13 岁！唯独女孩自己显得异常平静。当大家都疑惑于她不合年龄的镇定时，她说了一句让所有人都震撼的话："世界上没有可以让时间倒流的机器，我无法改变现实。这就是上帝为我安排的命运，我要勇敢面对它。我期待着有一天可以重返大海。"

一个多月后，人们惊奇地又在美丽的海岸看到了她的身影。她告诉人们她还要继续冲浪，虽然人们都报以祝福的笑容，但大多数人都认为这是不可能的。冲浪是一种需要技巧和平衡的运动，一个断臂的人又如何能在翻卷的大浪中找到平衡点呢！

但事实证明她可以做到！她开始刻苦地进行恢复训练，当她再次登上冲浪板时，不一会儿就掉进了咸涩的海水里，但她马上又站起来重新登了上去……人们好心地劝她停止无谓的努力，但她坚持要继续下去，她告诉人们："我的灵魂属于冲浪,我的冲浪板就是我的生命之船,而我的双臂就是一对船桨。以前我用双桨遨游大海,现在我不小心折断了一支,但所幸我还有一支,只要有一支桨,我就可以遨游沧海。"

就这样,她一次又一次地从冲浪板上摔下来,一次又一次地登上去。终于,在漫长而刻苦的训练之后,她不但恢复了原来的冲浪水平,而且还在不断提高,居然令人惊叹地成为一系列赛事的冠军。一年后,她一举夺得了第15届美国冲浪锦标赛冠军。不久,她加盟国家冲浪队,准备向世界冲浪冠军的宝座发起冲击。

她对生活的积极态度和顽强的拼搏精神受到了人们的敬佩和赞赏,大家都称她为"小英雄"。这个今年才16岁的小女孩用坚定的口气一次又一次地告诉大家:"当你命运之船的一支桨不幸折断时,不要灰心和绝望,因为你还有一支桨,你仍然可以用另一支桨遨游沧海,到达成功的彼岸!"

相信潜力

◉（美国）冯奈塔·弗劳尔

进入冬季以后，则克台就成了最单调的世界。大地上失去了连绵的、起伏无尽的绿草鲜花，从脚下一直望到天尽头，再没有一点变化，只剩下茫茫雪野。这个位于伊犁河谷深处的大草原，它的冬天是那么单调，那么沉静。

那天早晨我备好了马，去场部送一些文件。我给青马最后上紧了肚带，跨上马，把皮帽子放下来，拉过军大衣下摆盖住膝部，就放马朝雪原走去。在这种晴朗的天气里纵马雪原，有一种特殊的滋味。人在马背上，视野一下子变得开阔了。

我策马驰上一处高地，马在雪地上喘息着，似乎不太乐意；过了一会儿，它自己渐渐地减慢了速度。这时，忽然从远处传来杂乱的犬吠声。我在马鞍上转过身，惊奇地看到了一幕原野冬猎的景象。

在白皑皑的深雪里，一群狂怒的牧犬正在追逐三只亡命的狐狸，牧犬的后面，是一伙骑马的猎人。雪太深了，狐狸跃动得非常困难，它们每次跃起，身后都扬起一阵雪雾，然后落下去，身体又陷进雪里，有时只露出尖尖的红脑袋……它们身后的牧犬虽然也一样在深雪里，但那些狗高大凶猛得多，在雪里冲撞过来。杀气腾腾，势如疾风。

三只狐狸拼命地夺路而逃，还不时地回头顾看。它们在这片茫茫的雪原上显得太弱小、太危险了，雪原那么白那么空旷，狐狸却醒目得如同一簇簇跳跃的火焰。火红耀眼，无遮无碍。十几条猛犬看来是可以追上的，所以骑马围猎的人并不开枪射击。

一只最红的狐狸掉头向我这边跑来，我心下一喜，纵马朝它奔去。要是我抡它一马鞭，肯定得打晕过去。正这样想着，我的马忽然站住不动了，它耸起两耳，看着前方。我正感到莫名其妙，那只狐狸从坡下突然跳上来，恰恰落在我的马前。可以看出，那狐狸刹那间惊呆了，它可能万万没有想到这里埋伏着一支人马。惊恐之下，它也许料定自己必死无疑，竟伏在马前惊惶地望着我。

我第一次在野外与一只狐狸这么近距离地对视……

它这样绝望，这个生灵，这团火焰。"让我活下去吧！"我感到它在这样对我恳告。

我提着马鞭的右臂垂落了,不由自主地拨转了马头,让开一条路。

它很有礼貌地看我让开,然后才低下头,迅速从我的旁边奔跑过去。

我伫马立在高地上,目送这只红狐狸继续逃奔。在一片闪烁着阳光的雪地上,它跃动着,蹿跳着,一起一伏,特别清晰。它那条蓬松漂亮的大尾巴飘动招摇,宛如一股被风曳动的火红烈焰,燃烧、跃动在洁白的雪上。

"快跑吧!快点,再快点!"我望着这只狐狸,突然满心都生出怜爱和担忧,仿佛它已经不是一只野兽,而是一团美丽的火焰,是雪原的精灵,太阳城的儿女。

这时,暴怒狂吠的牧犬追过去了,它们拥挤着,表情极其愤怒,情绪处在高度亢奋之中,它们争先恐后,有时不惜将同伴撞倒,好像对狐狸怀有不共戴天的仇恨。

它们会撕碎那只可怜的红狐狸的!它们追过去的时候,远处,那团逃跑的火焰还在一蹿一蹿地跳动着。

我呆呆地坐在马鞍上,满心里只装着两个字:快点,快点……

许多年后,我在拉卜楞寺外的小街上买了一张完整的、火红的狐狸皮。我不很清楚自己为什么要花几百元钱买这张狐狸皮,但是我买了。

这张狐狸皮和我在则克台冬天遇到的那团逃跑的红火焰,

颜色非常相近。我不知道那只狐狸最后的命运，但我相信它是死了。这一点我是深信不疑的。它最后的结局，也是会变成这样一张完整的皮。

被悬挂起来，成为装饰。

一幅新闻摄影作品的背后

◎ 姜钦峰

看过一幅新闻摄影作品：一列火车飞驰在青藏铁路大桥上，底下有一群藏羚羊横穿而过，前后排成一条纵队，与头顶上呼啸而来的火车形成直角。对照鲜明，静中有动，无声的画面给人以强烈的视觉震撼。铁路、风驰电掣的火车、欢快奔跑的藏羚羊，各取其道互不干扰，人与动物的和谐共处，在方寸之间被表达得淋漓尽致，令人拍案叫绝。

这是"《影响2006》CCTV年度新闻图片"的获奖作品之一，题为《青藏铁路为野生动物开辟生命通道》，作者是《大庆晚报》的摄影记者刘为强。

早在青藏铁路设计之初，设计者就充分考虑了环保课题，为了保障沿途藏羚羊等珍稀野生动物的正常生活、自由迁徙和繁衍，青藏铁路沿线共设置了33处野生动物通道。2006年6

一幅新闻摄影作品的背后

月23日,一列试运行的火车驶过青藏铁路野生动物通道五北大桥,与此同时,一批迁徙的藏羚羊从桥下经过,这一美妙和谐的瞬间,被刘为强手中的镜头定格了。

作品的摄影技巧无可挑剔,但换了别人恐怕也不难做到,难就难在,并非谁都能遇上这种千载难逢的好机会,摄影者要与火车、藏羚羊同时出现在同一地点。尤其是火车与藏羚羊,二者不仅毫不相干,而且随时都在高速跑动,总不能让它们都乖乖地停下来给人拍吧?刘为强无疑是幸运的,占尽天时地利,这幅作品的产生几乎是个奇迹,获奖当属意料之中的事。

我对摄影粗通一二,业余时间也喜欢鼓捣两下。或许是无知者无畏,惊叹羡慕之余,我曾暗想,假如自己也有那么好的运气,恰巧赶上了,不照样能捧个大奖回来吗?然而,那天看了颁奖典礼,听到主持人与刘为强的一段对话,却令我汗颜不已。

主持人问他:"你看这张照片,在海拔四五千米的无人区,你和火车、藏羚羊,出现在同一个时间和空间的几率有多大?"

刘为强回答说:"用摄影的语言说这是一个瞬间,很短很短,因为藏羚羊生性特别胆小,即使人离得很远的情况下,它早已跑掉了。我拍这张照片的时候,在前面挖了一个掩体,有半米多深。我潜伏在掩体中,上面再盖上东西,所以藏羚羊才能有幸从对面冲到我的镜头跟前,实际上藏羚羊经过的时候大约也就是几秒钟,但是我在掩体中等了8天8夜!"

主持人又问:"当你等到第7天的时候,怎么知道第8天藏羚羊一定会来?如果第8天还不来,第10天还不来,你怎么办?"

刘为强不假思索:"我还会等下去,实际上我也知道,就是等到8天,甚至等到18天也不一定能等到这个瞬间,但是作为一个记者,我就应该坚守在那儿,就是为一个美好的瞬间,我可以等,别说是8天、18天、28天我也会等⋯⋯"

恍然大悟,原来所谓的"奇迹"并非妙手偶得,而是势在必得,在那一瞬间来临之前,有可能是永无止境的默默追求!想起另一位摄影家弗兰斯,他是美国《国家地理》杂志的著名摄影记者。曾有不少人问过他,"你对自己最成功的那幅作品有何体会?"他这样回答:"人们总是喜欢问我照片的光圈和快门速度,我告诉他们,这张照片的曝光是43年又1/30秒!"

当一夜成名、一日暴富的故事在我们身边一再上演时,人们总是习惯称之为奇迹,然后津津乐道,艳羡不已。的确,奇迹往往在瞬间产生,谁不渴望一觉醒来,好运突然降临到自己头上。可有一个事实无法否认——世上没有哪个人创造奇迹是依靠瞬间的,忽然的事情从来未曾忽然过。

伟大的理想

◎ 林中洋

多年以前一个夏日的黄昏，晚饭后坐在我的好友蕾娜特家的廊前闲聊，话题不知怎的就转到理想上去了。我问她当时只有16岁的女儿卡罗琳，中学毕业后打不打算读大学，她说打算啊。"那你想读什么专业呢？"我又问，以为她可能还没想好，会一下子答不上来；谁知她不假思索地说，她想学聋哑人的语言与交流。我听后很吃惊，没料到她会有这么一个答案，而且我还从不知道在大学里还能学这个专业。她似乎看透了我的心思，从容地解释说，德国只有为数不多的几所大学设有这个专业，在北德地区只有汉堡有，所以她也会去汉堡读大学。更让我吃惊的是，她甚至还大概讲了德国在这一领域的现状和不足，讲得有条有理，显然是经过了详细的了解和充分的思考，不是一时的心血来潮。我盯住蕾娜特，想知道这是不是她的主意；蕾娜特赶紧解释说，这完全是卡罗琳自己的想法，她根本没有参与过。当我问卡罗琳何以会有这个理想时，她说起因其实很简单，她一年多以前的暑假在一所残疾人小学做过一次社会实践，在那里，她接触了很多聋哑儿童，发现这些小孩大都天资聪颖，如果不是因为语言交流障碍，完全可以和正常小孩一样，所以她认为正规哑语的教学应该从学龄前就开始，而且，聋哑人的情况各个不同，譬如很多都是只聋不哑，只要通过特殊的语言训练，他们完全有掌握说话能力的可能。但是，她认为，德国在聋哑人的早期语言教育等方面做得还很不够，为此她很想能在这一领域尽一分力，帮助聋哑人过上正常的生活。

　　如今很多年过去，卡罗琳也快大学毕业了，不久前遇见正忙于准备论文的她，问她是否已在注意工作职位，她说当然，可是目前经济不景气，找工作很难；我说你是特殊人才啊，怎么就会找不到工作，她说她学的是冷门，本身需求量就有限，说到这里，她叹了一口气，说理想与现实之间还是有很大的差距。我小心翼翼地问她，你后悔当初的选择吗？她笑了，说："我决不后悔，而且，世界很大，聋哑人到处都有，我不会找不到自己的位置的。"望着眼前这个青春飞扬的、从容自信的卡罗琳，比她大快10岁的，曾经有着"伟大理想"的我，不禁汗颜。

扳倒总统尼克松的女人

◎ 戚锦泉

小女孩出生在美国纽约一个富有家庭,父母见她生得丑,不愿意理她。小女孩自小得不到多少来自父母亲的关爱,加上长得丑,她很自卑,性格越来越内向,见人就害怕。

16岁那年,父亲在一次破产拍卖会上,买下了一家报社。大学毕业后,她进入父亲的报社,担任读者来信版主编,月薪只有25美元。在这里,她遇到了一位年轻律师。两年后,两人结婚了。婚后,她依旧羞怯,常常躲在丈夫后面。在宴会上,她总是被主人安排在不显眼的位置上,甚至连自己的家人也对她视而不见。

没几年,父亲就将报社大权交给她的丈夫。父亲把她赶回家相夫教子。后来,因报社经营不善,丈夫患上严重的精神抑郁症,不久就开枪自杀身亡。当时她已经46岁了,丈夫突然间没了,她感到天快塌下来了。

没人看好这个柔弱胆怯的女人,几乎所有人都预言报社必将被出售。可是,她稍稍迟疑一下,还是果断地接过权杖。

她上任后的第一件事就是换人。她要彻底改变报社传统老旧的风格,极力引进新潮、自由的新闻元素。为此,她不惜重金从各处网罗新闻精英,给他们绝对空间以自由发挥。不久,保守派们纷纷离去,报社的政治立场也发生根本的变化,越来越倾向于自由派立场。

1972年6月,5名男子因私自闯入水门饭店民主党全国总部而被捕。惮于压力,许多媒体都只是对此事"轻轻带过",但她却命令报社记者进行深入调查,终于发现共和党政府试图在民主党总部安装窃听器,破坏民主党的竞选活动。

丑闻曝光后,总统生气了,司法部长更是暴跳如雷,扬言要她人头落地。她毫无畏惧,继续为自由与正义而孤军奋战。最后,她的正直与勇气,唤醒了美国各大新闻媒体,强大的舆论力量终于将位高权重的总统逼下台去,这就是震惊世界的"水门事件"。这一年,她的报社获得普利策奖,在美国确立了大报地位。

这就是著名的《华盛顿邮报》,它的主人叫凯瑟琳·格雷厄姆。

凯瑟琳上任时,报社总收入只有840万美元,旗下子公司只有《新闻周刊》和两家电视台。到1993年她退休时,邮报已发展成为包括报纸、杂志、电视台、有线电视和教育服务企业在内的庞大新闻集团，总收入达到 14 亿美元，在财富 500 家大公司中排行第 271 位。

谁也料不到，这个羞涩、腼腆、胆小的丑女人，不但挽救了濒临倒闭的《华盛顿邮报》，而且还以一份报纸扳倒了总统，成为美国新闻史上的传奇人物。

事实证明，每个人都拥有无限的潜力，许多时候，我们欠缺的只是一种自我挖掘的精神。

让梦想照亮未来

◎ 邓笛/译

我在华尔街一家大银行工作了10多年,每个月有稳定的高收入。然而,有一天我坐在那间有玻璃天花板的办公室里对自己说:"够了!"如果想要有一份实现梦想的工作,我知道我必须积极主动地去争取。

我开始寻找。我翻阅《纽约时报》寻找新的机会。我的目光被一则广告吸引了。一个大的金融公司正在招聘股票经纪人。这正是我梦想的工作!我兴奋地打了若干个电话,最后与该公司纽约分公司的副总约好了面试时间。

面试那天,我不巧患了感冒,发着高烧,浑身无力。但是,我知道我不能与这个千载难逢的机会失之交臂,所以我按时参加面试,与那个副总谈了3个多小时。我以为他一定会当场决定聘用我。可是,他指示我分别与公司的12个顶级股票经纪人进一步面谈。我听了差点晕倒！在后来的5个月里，12个股票经纪人对我的热情都不同程度地泼了冷水。"你还是安心地在现在的银行工作吧，"他们劝道，"80%的人干一年后就干不下去了。"接着，他们又补充说道："你根本就没有投资的经验。你干不了的。"

他们越是攻击我的梦想，我越是不服气。我憋足了气，决定要让他们的预言落空，让我的梦想实现。

我最后一次面试定在一月寒冷的一天。面试5分钟后，我看出那位副总不知道怎样给我下结论。我感到机会就要从我的手指缝里滑走了。他终于开口了："你必须在两周内辞去纽约银行的职务，然后报名参加为期3个月的培训。你必须一次性通过培训结业考试，否则我们仍将不能录取你。"最后，他加重语气，说："如果差1分，你也可能被淘汰出局。"

我的嘴唇发干，内心剧烈摇摆。这个工作虽说是我的梦想，但能不能得到它我并不确定，将来的前景也是未知的！然而，一想到机会总是与风险并存，一想到我的勇气很可能会改变我的未来，我下定决心，不再瞻前顾后，坚定地说："行。"

根据要求，我辞去了银行的职务，跳进了一个陌生的领域。3个月的训练后，我参加了考试。考场设在麦迪逊大道，与我即将上班的地方很近——如果我通过了考试的话。考场里放满了电脑，监考人将我领到一台指定的电脑跟前。这样，我一生中最重要的考试就要开始了。他们发出了开始的信号。我非常紧张,但随着考试的进行,我越来越感到有信心。3个小时很快就过去了。

公布分数的时候到了。我坐在那儿满脑门汗珠,目不转睛地望着这个掌握我未来人生钥匙的电脑。我相信肯定会有人听到我心跳的声音。屏幕闪了一下,然后跳出一则信息:"你的分数正在处理中,请稍候。"

等待仿佛持续了很久。分数终于出来了。我通过了!我长长地嘘了一口气。

从那一天起,我就沿着一个方向不断努力。我的业绩不但超出了自己的期望值,而且超出了那个给我机会的经理的期望值。他见证了我的个人销售业绩增长1 700%,还看到我成了"有线销售奖"电视栏目的嘉宾。

我的经历验证了梭罗的话。他说:"如果一个人自信地朝梦想的方向前进,以破釜沉舟的勇气争取他梦想的生活,成功就会在他意想不到的时刻突然降临。"

生死赌局

◎ 张世普

1968年，美国斯坦福大学人口学和生物学教授保尔·额尔利奇教授发表了《人口炸弹》一书。以翔实的数据与严密的逻辑作出惊人的预测：无限制的人口增长将导致大规模的饥荒，很快全世界将有成千上万人因饥饿而死，任何人或事都无法遏止死亡率的急剧上升，20世纪末，人类将进入资源匮乏时代，许多人类赖以生存的矿产将濒临枯竭。额尔利奇凭借此书一举蜚声世界，除了在斯坦福大学执教和研究蝴蝶外，还被邀请四处讲学。

马里兰州立大学的米利安·西蒙教授对此不以为然，他在科学杂志上发表观点认为，人不仅仅消费，而且还能生产出比消费多得多的东西，人口增长带来的负面影响很快会被人类自己解决，结果就是会出现更干净的环境和更健康的人类。然而，他并没有可靠的数据支持自己的观点。

双方各持己见，在著名科学媒体上舌剑唇枪你来我往，但是谁也不能说服谁。最终他们选择了让事实说话，1980年，米利安·西蒙教授向额尔利奇教授发出了挑战，请额尔利奇任意选出5种金属，就未来价格打赌，以1 000美元下注。额尔利奇接受了西蒙的挑战。他以5种金属——铬、铜、镍、锡和钨的价格打赌。如果10年后这些金属的综合价扣除通货膨胀的影响，计算出来的超过1 000美元，则超出部分由西蒙付给他。如果价格跌落，则由他赔付差额部分。

历史并没有按《人口炸弹》的设想发展，相反，在此之后，世界人均农业产量持续增加，即使在一些贫穷国家，人们的生活水平也在提高，全球饥荒受害者不断减少，人均寿命延长到67岁。1988年，据世界银行统计，扣除通货膨胀因素，所有金属和矿产品平均价格下降了20%，食品价格下降更是高达50%，这意味着最贫困的人也能吃饱肚子，越来越多国家的主要烦恼不是国民吃不饱肚子，而是不得不花钱来限制国民生产多余的食品。

1990年秋，额尔利奇教授将一纸有关金属价格的计算结果，连同一张支票寄给了西蒙教授。但是对这一赌局，额尔利奇教授并没有彻底认输：这一切没有成定论，看看这些新问题吧，臭氧层空洞、酸雨、全球温度上升，生态系统遭受这样的破坏，人类很快就会消失。西蒙听了对手的议论再一次表现出浓厚的兴趣：我愿意与额尔利奇教授再赌一次。但是这次额尔利奇没有接受挑战。不过，在16年之后的2006年，额尔利奇教授终于向媒体公开承认：他为全球变化打破了书中极为悲观的预测感到惊奇和高兴。

事实上，额尔利奇教授的计算没有错，他只是低估了人们创造可能的能力。当铁短缺时人们制造出了合成金属，耕地的减少激发了新型高效农业的出现。煤与石油的匮乏导致了核能源时代的到来，物质的丰富与文明程度的提高，使人们生育观念发生了改变……在这个世界上，从来没有真正的绝境。有的只是绝望的思维，眼前没有道路并不可怕，可怕的只是不去寻找道路。正如马丁·路德所说："我们必须接受现实，因为它是有限的。但千万不可放弃追寻可能，因为它是无限的。"

脚前那一块石阶

◎ 陈铭芳

相传陕西有一位高龄80岁老翁,他每天都从回心石走到灵宫殿参拜。从回心石到灵宫殿,只有一条半尺宽的石级小径可走,这小径像长梯一样悬挂在绝壁上,达374级。

有人问老翁,是什么秘诀让他能每天爬上那么陡而且又那么长的阶梯。老翁沉吟了半晌,才说:"我眼中并没有那一条阶梯,我要克服的仅仅是脚前那一块石阶而已。"

老翁的话给了我很大的启示:越是艰巨的事,大家越是却步,只有像老翁那样心中只抱持一份信念时,才能把眼前的艰难铲除。

去过北插天山的人都知道顶上竖立了一块牌子,上面记述山友谢明华登顶150次的事迹,这虽不是什么伟大的纪录,却是一件不容易做到的事。我想,谢明华能持续走下去,凭借的，该也是信念吧。

信念是一种信仰。也是一种无形的力量，这力量涵盖着容忍、真诚、吃苦、毅力、决心等各种情愫，执行困难的工作需要它的支持，而登山更非靠信念不可。

在我个人的登山纪录里，印象较为深刻的一次，是从七堵的拔西猴山走到平溪的柴桥坑山。这原是几座郊山的串联而已，只是当时柴桥坑登山口被废土掩埋场破坏。封闭了好几年，造成姜南山那一段山路完全湮没在杂草野树里，加上当时正值酷夏，走起路来倍感艰辛，最后能走完全程，也全靠心中一股"走下去"的念头。

纽西兰著名探险家希拉瑞自述登山的过程时说："我通常心里只有想着：好，我要再向前走5步，我走了5步之后，停下来调整呼吸，我又心想：好，这一次我要走6步。"

一个石阶的克服，和再向前走5步的意志，都是微不足道的，可是当这些微不足道的心意转变成一种信念在心中燃烧时，这信念便是一股丰沛的驱动力了。

绝望是免费的

◎ 尤 今

1992年3月号的《读者文摘》,刊载了一篇发人深省的作品"巨片之秘"。

文中讨论的四部影片是:《山水喜相逢》、《洛基》、《火战车》、《甘地传》。该文作者分析这四部影片叫好又叫座的一些共同原因时,说:

"它们反映人性本善、宣扬种种受人尊敬的情操:勤奋、苦干、自重;表现出对家庭、朋友、社会的爱心;显示了一个人能对他自己的一生和别人的一生造成多大的改变;最重要的,它们给了我们希望。"

在这一段话里,最能引起我共鸣的,是最后一句:

"它们给了我们希望。"

电影、音乐、文学,都是属于艺术创作的范畴,我们固然不必以道德的桎梏来扼杀它应有的生命力，但是，创作者是具有一定的社会责任的。

有些作者，把创作当作是个人情绪或情欲的发泄，任意而又任性地为他的作品涂上各种色彩——有的着重黄色，恣意渲染色情；有的偏爱黑色，刻意描绘暴力；有的钟爱灰色，故意散播颓废思想或灌输消极的人生观。

黄的、黑的、灰的，都是毒素，都具有惊人的破坏力。然而，在这三种毒素当中，我觉得最最危险的，是灰的。

说它危险，是因为它看似无害，但却能令人慢性中毒，而中毒之后，毒素有若附体之幽魂，极难摆脱。

《山水喜相逢》一片的主角摩根弗里曼说了一句令人拍案叫绝的话："你不应该向公众推销绝望，他们如果想要绝望，可以免费得到。"

甜饼的秘密

◎（美国）盖尔·乔克斯特　王　悦/译

烤小甜饼时，总有人试图一心多用，身兼数职——我也不例外。我把无绳电话夹在耳朵跟肩膀中间，一边煲电话粥，一边洗碗、熨衣服，眼睛则盯着电视新闻，直到烟雾报警器响彻云霄，巧克力甜饼被烤得形如焦炭。对高效率的追求，不知断送了多少小甜饼，我却乐此不疲。

直到有一天，姑姑讲起她的婆婆布伦纳太太。布伦纳太太烤的橙味栗子曲奇饼举世无双。姑姑40年前尝过一个，从此再也无法忘怀。姑姑还说，布伦纳太太烤甜饼的秘诀，她至今记忆犹新。

"什么秘诀？"我迫不及待地问，以为会听到"她总是先筛4次面粉"或者"她只用不加盐的黄油"那样的绝技，姑姑的回答却令我大吃一惊。

"布伦纳太太总是坐在烤箱前。当时的烤箱远没有现在先进，没有玻璃窗，没有温度显示，更没有计时功能，她需要不时拉开烤箱门，观察甜饼的进展。"

姑姑慢条斯理地说："布伦纳太太烤甜饼时，别的事一概不干，专心地守着烤箱里的甜饼——这就是她的秘诀。"听了姑姑的话，我恍然大悟，布伦纳太太的秘诀就是安详纯净的心态。

从那以后，我的习惯彻底改变了，烤甜饼时，无绳电话安静地躺在那里，电视从厨房里销声匿迹，熨斗被束之高阁。我不再依赖电动搅拌机、电子温度计、自动报时器。每次用手指测试面饼是否有弹性时，我手上都留下奶油的余香；每次拉开烤箱门试探甜饼的虚实时，我整个人都沉浸在巧克力醇厚甜润的热气中，发髻衣角上的香味久久不散。但多数时间，我还是坐在温暖的烤箱前，从烤箱的窗口看着椰丝变成金黄色，油汪汪的小甜饼慢慢长大，心里感到前所未有的安详和松弛。紧张工作之余，烤甜饼成了我的减压阀。

很快，我的甜饼名扬全社区，但我知道自己得到的远比烹饪秘诀更宝贵。现代人看重效率，力求事半功倍，忙碌中却忘了享受生活中美妙的点点滴滴。有的朋友向我抱怨生活令他们手忙脚乱，每遇到这种情况，我都会送上一盘小甜饼，外加布伦纳太太的秘诀。

真正的幸福是什么

◎（日本）黑柳彻子

小时候，有一次我在一瞬间突然在心里悄悄地感到"真开心啊"。那是一个黄昏，雨哗哗地下着，但是爸爸已经结束工作回家来了，家里人都在，连牧羊犬也进了屋，灯很明亮，我和弟弟坐在饭桌旁，等着妈妈把饭做好。我心里非常安宁，因为"大家都在一起，大家都在家里"。爸爸对妈妈说了一句什么话，妈妈看着爸爸笑了，我们也笑了。我从心里感到快乐。

半个多世纪过去了。这近20年来，我作为联合国儿童基金会的亲善大使去了许多国家，那里的孩子们都需要帮助。

去年，在西非的利比里亚，我和曾经在内战中充当童子军的孩子们见了面。那些孩子们10岁的时候就被迫拿起枪去参加枪战，朝大人和孩子们开枪。还有很多孩子和家人失散，成为了孤儿。

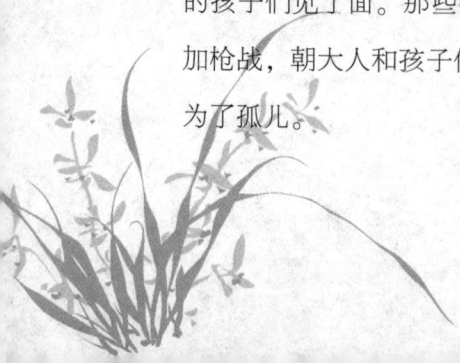

我还见到了许多营养不良的孩子们。

海湾战争结束5个月之后，我去了伊拉克。由于遭到多国部队的高精确轰炸，伊拉克全境的发电站都被破坏了。没有了电就无法净化河水，自来水管里流不出水来。巴格达的居民们甚至要到底格里斯河里去汲水，然后就直接饮用河水。但是由于城市无法进行下水道处理，厕所里的污水甚至会流到河里去，为数众多的孩子们感染了伤寒等传染病，或者不停地腹泻。综合医院什么病都治疗不了，牛奶、药品、手术用的麻药、预防的疫苗等都已用完。因为停电，无法进行肾脏透析，总之什么都无法进行下去。每天早晨，医院门前母亲们抱着生病的孩子排成长队，气温高达50℃。我曾经见过一个婴儿，因为营养不良，他的脸简直像是老人的脸。本来婴儿的脸蛋和嘴唇周围都应该是胖乎乎、圆鼓鼓的，可这个孩子的脸上却满是皱纹。才刚刚3个月的婴儿，他的腿就像是木筷子一样，从大腿开始就布满皱纹。那个孩子突然定定地看着我的眼睛，他才3个月大啊！那一瞬间，我发现那孩子眼睛里也完全没有小孩子的水灵劲儿，干巴巴的，仿佛是老人的眼睛。那个孩子的眼光中流露出绝望的神情，简直不像是孩子的眼神，好像在诉说："为什么我会这样呢？"我还发现，不仅仅是这个孩子，那些早夭的婴儿们也这样睁着眼睛使劲地看着世界，那眼光也都像是老人的，他们仿佛要多看一眼这个世界："我的人生这么短暂，我要好好看一看！"在非洲的卢旺达，由于胡图族和图西族的冲突，上百万的图西族人被杀害，实在是非常恐怖。我在部族冲突结束4个月后去了卢旺达，那时候，被屠杀的人的尸体还随处可见。在屠杀进行的时候，小孩子们在一片惨叫声和临死的呻吟声中四处奔逃，亲眼看到自己的父母和哥哥姐姐被杀害，孩子们还不明白是怎么回事，就夹杂在大人们中逃生。在这些孩子幼小的心灵中，留下了深深的痛楚，因为他们认为自己家人被杀是因为他们自己的过错。

地球上有很多孩子就这样一边为家人和自己的命运担忧，一边拼命地生存下去。仅仅一小部分孩子能喝上干净的水，能够吃饱饭，能够打预防接种的疫苗，能够接受教育。

"真正的幸福是什么？"当地球上所有的孩子都能够安心地满怀着希望生活的时候，那就可以说是真正的幸福了。

如此想来，我小时候在那个下着大雨的夜晚，呆在家里感觉到"好开心"的那一刻，就可以说是真正的幸福了吧！孩子把自己封闭在屋中，拒绝去上学、家庭暴力、儿童的自杀、家庭的崩溃、杀害亲生孩子、虐待动物……诸如此类的问题困扰着现代家庭。而一个完全没有这些问题的家庭可以说是真正的幸福了吧！

"能够和家人在一起相视而笑的家庭"，这并不是什么新说法了，但在我看来，这就是"真正的幸福"了。

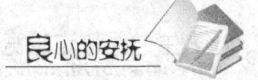

良心的安抚

◎ 星　竹

　　困难时期，粮食成了全社会的中心，天下事，再大也大不过粮食去。"民以食为天"的平淡警句，在那个时候，彻头彻尾地被我们所理解，牢牢地记在心上。

　　在普通的家庭里，一天要吃几两粮食，一顿又该怎样分配，成了大家要反复掐算计较的事情，决不可以有半点疏忽。

　　就是在粮食如此困难的时候，有一天，我的奶奶突然意外地扛回了一袋粮食，是拣来的。天上掉馅饼！足足30斤重的白面。我们全家都愣了，呆呆地望着那袋粮食，不是大喜，而是惶恐。是谁丢的粮食？！

　　奶奶说，也许是从自行车上掉下来的，也许是毛驴车上掉下来的，也许是大卡车……奶奶伸出冻红的手，说我守着这袋粮食，在路边等了两个小时。我们心情复杂地望着这袋粮食，谁也不知道怎么办。奶奶说，要不，咱就跟这个人买点粮食，只买一碗，只一碗！我们都不明其意。奶奶拿起碗，从口袋里舀出一碗，又将口袋扎紧，拿出一块钱，将粮食又扛了出去。全家人如释重负。奶奶拿着钱，背着粮食，又到路边上去等候了。直到傍晚，夜幕降临，奶奶又将口袋背了回来。没有人认领这袋粮食。

第二天，我们又从口袋里"买"了一碗粮食，奶奶又拿出一块钱……整整3个月，我们全家怀着惶恐不安的心情，将一口袋粮食"买"光了。小柜上放下了一堆不知该给谁的钱。在那个冬天，奶奶的心情一直很不安，像做了天大的错事。空空的粮袋，成了她最大的心病。她甚至神经质地一手攥着钱，一手拿着空粮袋子，三番五次地站在路边，等候那个丢粮的人。

岁月如梭，奶奶的不安，似乎一直都没有化解。在后来的年份里，奶奶总要拿出家里的吃食送给邻居。甚至无故地塞给小孩子们钱，为他们买糖果。有一天，奶奶将父亲给她的工资一分不剩地全丢了。奶奶回来不是丧气，而是有些兴高采烈。她不断唠叨着，这就对了，这就对了，就算是还上了。原来，她还是想着那袋粮食。两件事情虽然风马牛不相及，但奶奶却像是做了某种道义上的补偿。奶奶的这种"交换"虽然可笑，甚至近于迂腐，但我们却能理解奶奶的心情。

在奶奶的晚年岁月里，她因那一袋粮食，而做了许多的善事，很投入地去帮助别人。她常常帮得生硬过火，令人不解。

但在奶奶的这些善举里，她的眉眼渐渐地舒展了，脸上渐渐地多了笑容。在她临去世的那年，她终于开心地说：奶奶到底还上了那袋粮食，一定是还上了，你们说呢?！我们随声附和，使劲说，还上了，还上了！

奶奶是用了多少代价去偿还那袋粮食，我们说不清，奶奶心里自然有她自己的计算，也许是10倍，也许还不止10倍。从她津津乐道的言语中，我们觉得她是还上了！是多少倍地还上了！

这件事，让我记了许多年，印象之深，永不可磨灭。尽管奶奶的做法近于可笑和迂腐，尽管她的举动是那么不可思议，但左右思量，却又觉得十分对称。人世间就是这样，良心是需要安抚的。后来我发现，凡是世上的好人，忠厚的人，都会有这般的迂腐。仿佛冥冥之中，与上帝早已签好的一张契约。守规矩，讲良心的人，都会遵守着这张冥冥中的契约。

世上有些事，我们大概永远也找不到债主，永远也不知道那个我们该去感恩报德的人是谁。甚至两下里，谁都不被对方所知晓。但我们却躲不过良心的自审。对于善良的人，活一生，莫过于良心上的安逸了。它是一种温暖，一种可靠，一种约定，人生是万万不能失去的。人自然需要许许多多物质上的东西，但往往更离不开良心上的安抚。

奶奶在还清了"债务"之后，每晚睡得特别踏实，夜夜香甜。记得有一句话：良心是一个温柔的枕头，枕着这个温柔的枕头，无论窗外有什么样的响动，我们都可以安然入眠。

猜　心

◎ 刘　墉

高中时代，我参加了一个合唱团。团里分成女高音、女中音、男高音和男低音四个声部。大概因为经验差，演出时，常有人在不该自己唱的时候开了口。最可怕的是，当大家都静默的时候，突然听见高亢的一声从队伍里冒出来，说多臭就有多臭。我们管这种情况叫"放炮"。

人人都怕放炮，所以大家常常你等我，我等你，唯恐自己先开口。

直到有一天，指挥说，"你们知道吗？许多独唱的人才，都是在放炮的时候被发现的。"

当大多数人都认为这是不可原谅的错误时，真正懂得发掘人才的音乐家却可能从放炮中，找到不可多得的嗓子。

"我是伯乐，"指挥说，"你们不要怕，只管放胆唱，唱成千里马!"

大学上心理学课时,老师在一张白纸上滴一点墨水,问同学们觉得像什么。

同一个"墨痕",有人说像蝴蝶,有人讲像盾牌,有人说像骷髅。

"这叫'墨痕测验',常能由你的感觉中,探索出你的心灵。"教授说。

课上完不久,有人找我做室内设计。

拿了壁纸的样本给他挑,明明是花的图案,那人硬说像鬼脸,正面看像鬼,倒过来也像鬼。

我想起心理学教授的话——"同一个墨痕,你的心里有美,它可能是花;你的心里有鬼,它就可能是鬼!"

读过一个相近的笑话。

一对姐妹同时看上了新来的交通警察。

"那个警察对我有意思,"姐姐回家说,"我一到,他就把红灯变为绿灯,好让我通过。"

接着妹妹说:"那个警察对我有意思,我一到他就把原来的绿灯改成红灯,好多看看我!"

下雨天到乌来内山,山谷深处是一片浅滩和急湍,更远处则是飞瀑。

"可惜下雨,不能好好地欣赏瀑布。"我说。

"幸亏下雨,否则瀑布绝不可能那么壮观。"一个青年笑道。

一位学佛的朋友对我说：

"不要觉得地狱一定在死后，这个人吃人的世界，就可能是地狱！也不要认为清凉世界在往生，只要你有一念清凉，当下就是清凉世界！"

总想起多年前看过的一部电影，在老旧的印度火车上，一位老者问一名年轻人："你有没有闻到什么味道？"

"有，"年轻人说。"是火车头喷出的呛人的浓烟。"

"我也闻到了，是山边野茉莉的幽香。"老人说。

当我遇到不顺心的事，常想：多看看吧！在那不顺心的背后，一定会有令人惊讶的、美好的事物！

境由心生

◎ 邓笛/译

布朗先生途经一个偏僻小镇,来到一家旅店打算投宿。这时,另一个人也正好来订房间。然而,不巧的是,这家旅店只剩下一个房间了。

"这是一间双人房,"服务员说,"如果你们不在意的话,就同住这间房?"

一开始,两人都不愿意,但由于此时已经是深更半夜,外面又开始下起了雨,他们就勉强同意了。他们稍事收拾之后,各自上床睡了。在睡梦中,布朗先生忽然听到有人喊叫,忙睁开眼,房间里漆黑一片。

"出了什么事?"他惊问。

同房间的那个人用虚弱的声音答道:"对不起,我不得不将你叫醒。我有哮喘病。我现在感觉很不好,头痛得十分厉害。如果你不想我死掉的话,麻烦你赶快帮我把窗户打开。"

布朗先生跳下床开灯,但是停电了,灯不亮。病人继续呻吟道:"空气、空气……我需要新鲜空气。我快支撑不住了。"

布朗先生摸黑设法去找窗户。花了好长时间,他终于找到了,但是却怎么也打不开。同时,病人的声音越来越微弱。情急中,布朗先生操起身旁的一张椅子,猛地朝窗户砸去,玻璃哗啦一声破碎了。病人立刻停止了呻吟,紧接着说他感觉好多了,并向布朗先生表示感谢。

然后,两人平静入睡,直至天明。可是,他们醒来时,惊讶地发现,房间里唯一的一扇窗户关得紧紧的,完好无损,而室内的穿衣镜却成了碎片。

这就是境由心生。弥尔顿曾说:"心,乃是你活动的天地,你可以把地狱变成天国,亦可将天国变成地狱。"认识到这一点,在有着各种压力的现代生活中,我们可以通过营造心境,诗化生活,超越生活,实现一种思想、文化和精神的自我拯救,从而开垦出芳菲满地的精神桃花源来。

萝 卜 花

◎ 丁立梅

　　萝卜花是一个女人雕的，用料是胡萝卜，她把它雕成一朵一朵月季花的模样。花盛开，很喜人。

　　女人在小城的一条小巷子里，摆摊儿，卖小炒。一小罐煤气，一张简单的操作平台，木板做的，用来摆放锅碗盘碟，她的摊子就摆开了。她卖的小炒只三样：土豆丝炒牛肉，土豆丝炒鸡丝，土豆丝炒猪肉。

　　女人 30 岁左右，瘦，皮肤白皙，长头发用发夹别在脑后。惹眼的是她的衣着，整天沾着油锅的，应该很油腻才是，却不。她的衣服极干净，外面罩着白围裙。衣领那儿，漏出里面一点红，是红毛衣，或红围巾。她过一会儿，就换一下围裙，换一下套袖，以保持整体衣着的干净。很让人惊奇且喜欢的是，她每卖一份小炒，比在装给你的方便盒里，放上一朵她雕刻的萝卜花。这样装在盘子里，才好看。她说。

不知是因为女人的干净，还是她的萝卜花，一到饭时，女人的摊子前，总是满人。5块钱一份小炒，大家都很耐心地等待着。女人不停地翻铲，而后装在方便盒里，而后放上一朵萝卜花。整个过程，充满美感。于是，一朵一朵素雅的萝卜花，就开到了人家的饭桌上。

我也去买女人的小炒。去的次数多了，渐渐知道了她的故事。

女人原先有个殷实的家。男人是搞建筑的，很有钱。但不幸的是，在一次施工中，男人从尚未完工的高楼上摔下来，被送进医院，医院当场就下了病危通知书。女人几乎倾尽所有，抢救男人，才捡回半条命——男人瘫痪了。

生活的优裕不再。年幼的孩子，瘫痪的男人，女人得一肩扛一个。她考虑了许久，决心摆摊儿卖小炒。有人劝她，街上那么多家饭店，你卖小炒能卖出去吗？女人想，也是。总的弄点和别人不一样的东西吧？于是她想到了雕刻萝卜花。当她静静地坐在桌旁雕花时，她突然被自己手上的美好镇住了，一根在普通不过的胡萝卜，在眨眼之间，竟能开出一小朵一小朵的花来。女人的心，一下子充满期待和向往。

就这样，女人的小炒摊子，摆开了，并且很快成为小城的一道风景。下班了赶不上做菜的人，都会相互招呼一声，去买一份萝卜花吧。就都晃到女人的摊儿前来了。

一次,我开玩笑地问女人,攒多少钱了?女人笑而不答。一小朵一小朵的萝卜花,很认真地开在她的手边。

不多久,女人竟出人意料地盘小了一家酒店,用她积攒的钱。她负责配菜,她把瘫痪的男人,接到店里管帐。女人依然衣着干净,在所有的菜肴里,依然喜欢放上一朵她雕刻的萝卜花。菜不但是吃的,也是用来看的呢。她说,眼睛亮着。一旁的男人,气色也好,没有颓废的样子。

女人的酒店,慢慢地出了名。大家提起萝卜花,都知道。生活,也许避免不了苦难,却从来不会拒绝一朵萝卜花的盛开。

玫瑰大师

◎ 王 蒙

玫瑰大师栽培的玫瑰四远驰名,他布置的玫瑰大厅堪称欧洲大陆上的一珠璀璨。有一次英国女王和荷兰女王慕名前来赏盛,到了约定的时间却见不到这位大师。一找,原来他正在厨房里与4个女佣吵架。见到本国的皇室文员,他诉苦不迭:一个女佣买菜账目不符,第二个女佣与大厨有染,第三个女佣说话用了脏字(动词),第四个女佣偷吃了他给两位女王准备的布丁。大师非常激动,义愤填膺,滔滔不绝,他解释说:"不,绝不能让步!决不!你让她们一回她们就会骑在你的脖子上拉屎,她们就会以为你怕了她们?女人?女人怎么样?女人恶起来更不得了……"直用了15分钟使本国皇室文员彻底地理解了他的苦处,同情了他的境遇,附和谴责了4个该死的女人。然后,玫瑰大师洗脸梳妆更衣打领带,来到玫瑰大厅,当然，女王已经离去。

兹后又有几起贵宾来访的事件，不是遇到大师在厨房里与人争吵，就是在厕所里与人打斗，还有一次是在牛栏与牛乱吼，大师见人便说他养的牛得了英吉利疯牛病，耿耿于怀而永不释然。

大师创造出了最好的玫瑰，布置了在欧洲及至世界光芒四射的大厅，却一辈子徘徊在自己设计和建造的美的殿堂外面。

我的垃圾工丈夫

◎（美国）鲍伯·帕克斯

这份工作我已经做了很久。我做的不能算是苦力活，但作为政府的一名代表挨家挨户地做调查，那滋味也是不好受的，尤其在炎热的8月还要打领带。

"你好。我叫鲍伯·帕克斯，我们正在这个区做一项调查……""我没有兴趣！"砰！门锁上了。你无法想象这样的回答我听到过多少次。

这次我终于抓住机会，"在你用力关门之前，我想告诉你，我不卖东西，我只问一些有关你本人和这个社区的问题。"

门内的年轻女人踌躇了一会儿。"当然，进来吧。家里很乱，请别介意。"

这所房子稍稍旧了一点，是这个区低收入居民能够租得起的住房。他们总能用很少的钱，把家收拾得看起来舒适温馨。

"我只问几个关于你本人和家庭的问题。虽然这听起来也许涉及个人隐私,但我不需要你们的真实姓名。这个信息将用于……"

她打断了我,"你想要一杯冰水吗?你看起来这一天过得很不舒服。"

"啊,是的!"我急切地说。就在她端水的时候,一个男人从前门走了进来,是她的丈夫。

"乔,这个人是来做一项调查的。"她站在那里,礼貌地为我做介绍。乔又高又瘦,脸上的皮肤很粗糙,看起来很老,虽然我猜他只不过20岁出头。他的双手就像皮革一样坚韧,一看就知道是做苦力活磨出来的。

她向他倚过去,在他面颊上轻轻吻了一下。当他们四目相对时,能看出他们非常相爱。她微笑着,将头靠在他肩膀上。他用双手抚摸着她的脸,轻声说:"我爱你!"

"乔为这个区工作。"她说。

"你是做什么的?"我问。

"乔是装垃圾车的。你知道,我为他骄傲。"

"亲爱的,我相信人家不想听这个。"乔说。

"不,我想听。"我说。

"你瞧,乔是这个区最好的垃圾工。他往卡车里堆的垃圾比任何人都多。他能把那么多垃圾堆在一辆卡车里,这样,他们就不必跑那么多趟了。"她说这话的时候热情洋溢。

"时间一长,"乔接着说,"我就为区里节约了不少开支。工人工作的时间少了,每辆卡车的费用也减少了。"说到这里,我们都沉默下来,我不知道该说什么。

"真令人难以置信,大多数人都会为这样一份工作抱怨不休,因为做起来还是有些困难的。但你对工作的态度却令人感到惊异。"我说。

她走到睡椅旁边的架子前,当她转过身来的时候,手里拿着一个里面裱了一张纸的小画框。

"当我们第三个孩子出生的时候,乔丢了工作,我们一度失业,然后获得了福利救济。他很长时间找不到工作,后来有一天,他被送到这个区进行面试,他们给了他这份现在的工作。他回家的时候又沮丧又羞愧,告诉我,这可能是他能够做的最好工作。实际上,这份工作的工资比我们获得的福利救济还要少。"她停顿了一下,向乔走去。

"我一直为他骄傲,从前是,以后也是这样。你瞧,我认为不是工作塑造人,而是人塑造工作!"

"为了在这儿工作,我们必须住在这个区。所以,我们租了这所房子。"乔说。

"当我们搬进来的时候,这句名言就挂在前门内侧的墙壁上。它完全改变了我们的生活,鲍伯,我知道这份工作很适合乔。"她一边说一边将那个画框递给了我。

纸上写着:如果一个人被称作街道清扫工,那么,他应该像米开朗基罗画画，或者像贝多芬谱曲，像莎士比亚作诗一样清扫街道。他应该把街道打扫得让天上人间所有的生物都会驻足留连，这里住着一位工作很出色的街道清扫工——马丁·路德·金。

"我爱他是因为他这个人无论做什么事情，只要做，他就会做得最好。我爱我的垃圾工丈夫！"

说完，她转过头去深情地看着丈夫。我看到乔的眼睛里有一种亮晶晶的东西在闪动。他们俩都微笑着，那份笑里有满足和甜蜜。

剧痛后才会不留疤痕

◎ 凌泽泉

在医院烧伤科，我曾目睹到一位双腿被开水烫伤的女孩的救治过程，那位女孩不过十七八岁，听她的母亲说，她正在读高中，成绩棒着呢，求医生用最好的药，不能让她的双腿留下伤疤，往后，她还要穿裙子呢！

想想也是，一个十七八岁的女孩，要是玉腿上留下疤痕，她失去的将是夏天里永远的美丽。

当班的医生让女孩的母亲扶着女孩走进治疗室，女孩把烫伤的双腿裸露在眼前。那是怎样的一双腿呀：上面布满大大小小的水泡，周围皮肤泛着血红。医生让这位女孩把一双腿放在面前的架子上，然后用一把剪刀快速地剪开一个个水泡，然后用钳子将表面的一层皮快速刮去。尽管医生动作极快，那女孩还是疼得鼻尖直冒汗。

医生用消毒酒精把伤面擦洗一下后，取出一种泛着紫酱色的清创液，然后对女孩的母亲说："她是浅二度烫伤，用这种特制的清创擦洗，痊愈后不会留下疤痕。"听医生这么一说，这位母亲的眉头才稍稍舒展了一下。

医生用两根绑在一起的药棉蘸上特制的清创液，往女孩的创面上一涂，女孩立刻尖叫起来。医生说："别叫，涂上药水，疼40秒就会好的。"10秒时间，医生已完成对其所有创面的涂药操作，而女孩的哭叫果然在40秒后休止。

处置完毕后，医生告诉这对母女："这种药水好就好在治愈后不留疤痕，只是在每次涂药水时都有40秒剧痛。"怕疼，不涂清创液，唯有日后面对疤痕的悔恨。而短暂的剧痛换来的却是日后光洁的皮肤。双腿没有疤痕，对于一个烫伤的女孩来说，是和幸福联在一起的喜悦啊！

很多时候，我们就是因为惜疼护痒，以至于让生活布满或大或小的疤痕。因为舍不得固定的职业，而放弃自己的特长爱好，过忍气吞声的日子，让心灵一次次有受伤结疤；因为抛不开名的束缚，只得背着重重的外壳佯装笑脸，让精神层面伤痕累累。

腿有疤，失去的仅是夏天的美丽；心灵结茧，失去的将是人生所有美丽。

饥来吃饭倦时眠

◎ 张海静

常常想起好多年前的那个下午。

我和朋友正说着心事。忽然她问我:"假如现在一切愿望都可以实现,你说你最想过的生活是什么样子?"我愣了一下:"什么样子?我没想过。"

我想了一会儿说:"说真的,我渴望我能有一座别墅,有宽敞的客厅,有落地的长窗。我可以穿着睡衣站在玻璃窗前,看院子里的游泳池,看花园里美丽的树。"

此后的好多年,我恋爱、结婚、生子,一切都似乎是理所应当的。闲坐时,我会想起那个午后的愿望。我想,我当初的想法已经有所改变。

随着年龄的增长,幸福于我已变得越来越细微、越来越具体了。就好比现在居住的这所不大的房子,非常朴实,但很舒适。当我一个人静静地坐在沙发上，听着音乐在房间里流淌时；当我一通电话打向远方，与父母兄妹互相叮嘱、互道思念的时候，我都感到无比的快乐与幸福。

记得曾读过一个佛家故事：有源禅师问大珠慧海禅师："和尚修道，还用功否？"大珠道："用功。"

"如何用功？"

"饥来吃饭倦时眠。"

"一切人总如同禅师用功否？"

"不同。"

"何故不同？"

"他吃饭时不肯吃饭，百种需索；睡时不肯睡，千般计较，所以不同也。"

可见，好好地吃饭，好好地睡觉，就是最大的幸福，最深远的修行。一个人的幸福与否，根本不在于他（她）拥有什么、占有多少，而在于他（她）能否找到内心的安顿与超越的感觉。

威利·卡瑞尔的万灵公式

（美国）卡耐基

你想得到一个迅速有效地消除烦恼的诀窍吗？那么，让我告诉你，威利·卡瑞尔发明了这种诀窍。

"年轻的时候，"卡瑞尔先生说，"我在纽约州的水牛钢铁公司做事时，需要到密苏里州的匹茨堡玻璃公司去安装一架瓦斯清洁机。目的是要清除瓦斯里的杂质，使瓦斯燃烧时不致于伤到引擎。这种清洁瓦斯的方法是新的，过去也曾试验过。可是在密苏里州安装的时候，遇到了许多事先没有料到的困难。经过一番努力，机器勉强可以使用了，然而，远远没有达到我们保证的质量。

"我对自己的失败感到十分懊恼，好像有人在我头上重重地打了一拳。我的胃和整个肚子都扭痛起来，烦恼得简直无法入睡。

"后来，我意识到烦恼不能解决问题。于是，我想出了一个不用烦恼解决问题的方法，结果效果显著。这个消除烦恼的方法，任何人都可以使用，非常简单，可以分三个步骤：

"第一步，不要惊慌失措，冷静地分析整个情况，找出万一失败的话，可能发生的最坏情况是什么——没有人会把我关起来，或者把我枪毙，这一点我有把握。充其量不过丢掉差事，也可能老板会把整个机器拆掉，使投下的两万块钱泡汤。

"第二步，找出可能发生的最坏情况后，就让自己能够接受它。我对自己说，我也许会因此丢掉差事，那我可以另找一份差事；至于我的老板，他们也知道这是一种新方法的试验，可以把两万块钱算在研究费用上。

"第三步，有了能够接受最坏的情况的思想准备后，就平静地把时间和精力用来试着改善那种最坏的情况。

"我做了几次试验，终于发现，如果再多花5千块钱，加装一些设备，问题就可以解决了。我们照这样做了，结果公司不但没有损失两万块钱，反而赚了1万5千块钱。

"如果我当时一直烦恼下去，"卡瑞尔先生最后说，"恐怕就不可能做到这一点了。唯有强迫自己面对最坏的情况，在精神上先接受了它以后，才会使我们处在一个可以集中精力解决问题的地位上。"

你也许觉得这件事未免有些偶然性吧？那么，请你再听听艾尔·汉里的故事。他住在麻省曼彻斯特市温吉梅尔大街52

号。

这个故事是1948年11月17日,艾尔·汉里在波士顿史蒂拉大饭店里亲自讲给我听的。

"一九二几年吧,"他说,"因为常常烦恼,我得了胃溃疡。有一天晚上,我的胃出血了,被送进芝加哥西北大学医学院的附属医院。我的体重从175磅锐减到90磅;只能每小时吃一汤匙半流质的东西;每天早上和晚上,都要由护士把橡皮管插进我的胃里,把里面的东西洗出来。医生坦率地告诉我已经无药可救了。

"这样过了几个月。最后,我对自己说:汉里,如果你除了等死以外再也没有别的指望了,还不如好好利用一下剩余的时间呢。你不是一直想环游世界吗?只有现在去做了。

"当我把这个想法告诉医生时,他吃惊得以为我疯了,他警告我说,如果我环游世界,就只有葬身大海了。我说:不会的。我已经告诉了亲友,我要葬在尼布雷斯卡州老家的墓园里,我打算把棺材随身带着。

"我真的买了一具棺材,和轮船公司讲好,万一我死了,就把我的尸体放进冷冻舱里。

"我从洛杉矶上了亚当斯总统号船,开始向东方航行了。真奇怪,我居然觉得好多了!渐渐地不再吃药和洗胃;不久之后,任何东西都能吃了;甚至于可以抽长长的黑雪茄,喝几杯酒,多年来没有这样享受过了。

"我在船上和人们玩游戏、唱歌、交新朋友,晚上聊到半夜。我感到非常舒服,充满了欢乐。回到美国之后,我的体重增加了90磅,几乎完全忘记了以前的烦恼和病痛。我好像一生中从来没有这样开怀过。"

这就是艾尔·汉里的故事。他告诉我,他发现自己在下意识里应用了威利·卡瑞尔征服忧虑的诀窍。

首先,他问自己,可能发生的最坏情况是什么?答案是:死亡。

第二,他让自己接受死亡。

第三,想办法改善这种情况。

他最后对我讲的体会是:"如果上船之后继续忧虑下去,毫无疑问,我只会躺在棺材里完成这次旅行了。"

所以,如果你有了烦恼,你应该用威利·卡瑞尔的万灵公式,按照以下三点去做:

一、问你自己,可能发生的最坏情况是什么?

二、接受这个最坏的情况。

三、镇定地想办法改善最坏的情况。

顽强的美丽

◎ 徐连祥

村里有一位妇女，因为乳腺癌，不得不去医院做了左乳摘除手术。

伤口痊愈后，她下地走路时，奇怪地发现，自己的身体竟不自觉地向右边倾斜起来。她稍一愣怔后便明白了：也许是自己的乳房比较大且重的缘故，少了一只左乳后，身体也失去了原有的平衡。

让她更为苦恼的是，自己的胸前左边瘪塌塌的，右边鼓囊囊的，极不对称，以致穿起衣服来很是别扭和难看。

可是她又没钱买义乳，连那一大笔手术费都是借来的还等着要还。怎么办？她决定自己做一个。她"就地取材"地从家里搬出芝麻、蚕豆、玉米、小麦、绿豆等谷子，依次分别往乳罩左边的罩口里装满一种谷子，然后再缝合罩口，戴在身上测试一下身体的美观及平衡效果。最后,她选定了绿豆,作为乳罩的填充物。

初戴上"绿豆乳罩"的她显得异常的兴奋与激动,对于自己的身体,她仿佛又找回了曾经的那份自信与美丽。后来,她无论是下地干活,还是串门赶集,都行"身"不离地戴着那副"绿豆乳罩"。

一天晚上,她摘下乳罩准备睡觉时,惊讶地发现——乳罩里的那些绿豆竟发芽了!

那一夜,她基本上没合眼,想着怎样解决绿豆在自己的体温下不发芽的问题。第二天,她把那些绿豆炒熟了,然后再放进乳罩里……

可是她发现,问题又来了,她的身上始终有一种熟绿豆的香味挥之不去,只要她一出现在人群里,人家总会耸着鼻子作闻香状,然后好奇地问,谁兜里揣着熟绿豆?好香啊!快点拿出来让大家尝尝……弄得她很是尴尬,又不好讲出实情,但也怪不得人家,人家也是无意的啊。

后来,经过很多次试验,她在缝制"绿豆乳罩"的时候,终于找到了一个折中的良方,就是在炒绿豆的时候,要掌握好它的火候——仅把绿豆炒到七八成熟的样子,这样的绿豆放进乳罩里既不会发芽,也闻不到香味,刚刚好。

费尽思量,才解决了绿豆作为乳房替代物与自己身体兼容的难题,这位爱美的乡下女人终于松了口气。

有一天，一家女性刊物的记者知道这事后，大老远地赶来采访这位村妇。采访临近尾声时，记者提出要给她拍几张照片。她一下子激动得满脸通红，因为在那个偏僻的村庄里，她很少有照相的机会，她习惯性地抻抻衣角、捋捋头发，然后站在一株从石缝里长出的芍药花旁，郑重而优雅地摆出了一个个美丽的 POSE。望着镜头里那朵火红的花儿衬托着那张自信而美丽的笑脸，泪水模糊了记者的视线……

后来，这位记者在她的文章中写道：我是怀着一种敬仰和感动的心情对她进行采访的，在为她的遭遇感到心酸的同时，又为她乐观而不屈的精神所鼓舞和欣慰。这样一个在贫困交加的境地里挣扎的女人，依然向往美丽、顽强地追求着美丽的女人，她今后的生活一定会好起来的，就像她拥花而卧的那张美丽的照片。因为她的精神不败，我坚信，仅凭这一点，足以让她战胜人生中所有的厄运和苦难！

生命常常是如此之美

◎ 乔 叶

每天下午,接上孩子之后,我都要带着他在街上溜达一圈。闲走的时候,看着闲景,说着闲话,我觉得这是上帝对我劳作一天的最好奖赏。每次我们走到文华路口,我就会停下来,和一个卖小菜的妇人聊上几句,这是我们散步的必有内容。这个妇人脸色黑红,发辫粗长,衣着俗艳,但是十分干净。她的小菜种类繁多,且价廉物美,所以常常是供不应求,我常在她这里买菜,所以彼此都相熟。因此每次路过,无论买不买菜,都要停下和她寒暄几句。客户多的时候,也帮她装装包、收收钱。她会细细地告诉我,今天哪几样菜卖得好,卤肉用了几个时辰,西兰花是从哪个菜市上买的,海带丝和豆腐卷怎样才能切得纤细如发,而香菇又得哪几样料配着才会又好吃又好看。听着她絮絮的温语,我就会感到一波波隐隐的暖流在心底盘旋。仿佛这样对我说话的,是我由来已久的一个亲人。而孩子每次远远地看见她,就会喊:"娘娘!"——这种叫法,是我们地方上对年龄长于自己母亲的女人的昵称。

那位妇人的笑容,如深秋的土地,自然而醇厚。

一天夜里,我徒步去剧院看戏,散场时天落了小雨,便叫了一辆三轮车。那个车夫是个年近50的白衣汉子,身材微胖。走到一半路程的时候,我忽然想起附近住着一位朋友,我已经很久没见到她了,很想上去聊聊。便让车夫停车,和他结账。

"还没到呢。"他提醒说,大约以为我是个外乡人吧。

"我临时想到这里看一位朋友。"我说。

"时间长吗?我等你。"他说,"雨天不好叫车。"

"不用。"我说。其实雨天三轮车的生意往往比较好,我怎么能耽误他挣钱呢?

然而,半个小时后,我从朋友的住处出来,却发现他果真在等我。他的白衣在雨雾中如一团蒙蒙的云朵。

那天,我要付给他双倍的车费,他却执意不肯:"反正拉别人也是拉,你这是桩拿稳了的生意,还省得我四处跑呢。"他笑道。

负责投送我所在的居民区邮件的邮递员是个很帅气的男孩子,看起来只有20岁左右。染着头发,戴着项链,时髦得似乎让人不放心,其实他工作得很勤谨。每天下午3点多,他会准时来到这里,把邮件放在各家的邮箱里之后,再响亮地喊一声:"报纸到了!"

"干吗还要这么喊一声呢?是单位要求的吗?"我问。

他摇摇头,笑了:"喊一声,要是家里有人就可以听到,就能最及时地读到报纸和信件了。"

后来,每次他喊过之后,只要我在家,我就会闻声而出,把邮件拿走。其实我并不是急于看,而是不想辜负他的这声喊。要知道,每家每户喊下去,他一天得喊上五六百声呢。

生活中还有许多这样的人,都能给我以这种难忘的感受。只是看到他们,一种无缘由的亲切感就会漾遍全身。我不知道他们的姓名和来历,但我真的不觉得他们与我毫不相干。他们的笑容让我愉快,他们的忧愁让我挂怀,他们的宁静让我沉默,他们的匆忙让我不安。我明白我的存在对他们是无足轻重的,但是他们对我的意义却截然不同。我知道我就生活在他们日复一日的操劳和奔波之间,生活在他们一行一行的泪水和汗水之间,生活在他们千丝万缕的悲伤和欢颜之间,生活在他们青石一样的足迹和海浪一样的呼吸之间。

这些尘土一样卑微的人们,他们的身影出没在我的视线里,他们的精神沉淀在我的心灵里。他们常常让我感觉到这个平凡的世界其实是多么可爱,这个散淡的世界其实是那么默契,而看起来如草芥一样的生命种子,其实是那么坚韧和美丽。

我靠他们的滋养而活,他们却对自己的施予一无所知。他们因不知而越加质朴,我因所知而更觉幸福。

艺术家突然逝去

◎ 任 兰

刚刚参加了一个艺术家的追思仪式。他英年早逝,生前宽厚纯良。朋友纷纷从巴黎、北京、上海飞过来出席,众多黑衣白衫和浅色花朵汇集一堂。

艺术家 A 说:"那么多坏人,为什么不死,偏偏要死一个好人呢?"艺术家 B 摇头叹息:"我自己的葬礼,会来这么多人吗?"

追悼会是唯一能看到男人流泪的场合。事出突然,大家都没有准备好合适的表情。原定致辞的人中间,有人因无法说出完整的话而匆匆下场。目击那么多有头有面的中年男士哭得像孩子一样,我不知是该默默递过去一张纸巾,还是该把脸轻轻转开。

逝者不到 50 岁,长着鹿般温柔的眼睛,在众人心目中,像天使一样安静、美好和热心,却不幸死于一场感冒而引发的医疗事故,身后遗下幼子和爱妻。遗孀身着宽大的白衣,像一只白气球一样飘忽游离。如果不是被身边人挽住手臂,我疑心她会随时飞升起来,脱离悲伤的地面。

美术馆安排了专场的作品讨论会,他的生前好友分别发言,回忆和他的交往以及肯定他在艺术上的价值。遗孀换了一身黑衣列席会议。她低着头,偶尔颔首、流泪,长发静静垂在胸前。

仪式结束,部分人赶往机场和火车站,部分人来到咖啡厅休息。逝者最亲密的朋友之一瘫在并不舒服的座椅里,不说话也不动,像一条被拧干的抹布。说着说着,其他人就谈到家属的安抚工作。肩膀宽阔的C说:"他爱人现在勉强能支撑住,可过两天,等她回到家里,一个人面对那些东西,她才真正开始疼。"他用食指戳了戳自己的胸口。

和他们住同一栋大厦的D表示,最好轮流安排人每天去陪伴她,跟她说话,让她没有时间悲伤。这是个好主意,可是派谁去呢?D即将出国,C要回法国,每个人都在身不由己地忙碌着。

人群散去。这个世界,美好也罢,丑陋也罢,最终还是要一个人面对。有什么是别人真正可以与你分担的呢?

忽然,我就那样停止忧伤。

跳舞的老人

◎ 周 平

我们电视台摄制组到大别山深处采风,据说因为偏远闭塞,那里至今还保留着一些原汁原味的民间歌舞,很有史料价值。这次进山,就是为了抢救这些快要绝迹的民间歌舞。

在一个小山村拍摄了一些宝贵镜头后,我们准备移师别处了。正当我们在村委会大院里收拾家伙,进来一位老汉,弓腰驼背,直愣愣地盯着我们说:"借问大哥一声,听说你们是摄戏的?"

老人直瞪着桌子上的摄像机,双目犀利如鹑,待我们作答后又急切地问:"这物件,真的摄得进人舞戏?"

得到了肯定的答复,老人不再说话,双目虔诚地凝视摄像机,入定片刻,突然动手脱去土布上衣,裸出了身体。我们莫名其妙。看老人,身上瘦骨嶙峋,烂布一样叠皱的皮肤上浮着不少老年斑，胸腔上的排骨凸凹分明如同搓衣板。最触目惊心的是他满身的疤痕，亮晃晃红艳艳的，在身上东一块西一块地绽放。

老人面对摄像机，恭敬地抱拳，当胸一握，然后不慌不忙，走一圈方步，突然，双脚腾空，踏出一种节奏独特的舞步。导演眼睛一亮，立刻悄悄吩咐摄像记者开机。

老人的双脚如生了风，踩出的舞步扑朔迷离，叫人难以琢磨，像在乞求，像在逃避，又像在迫切地追逐。导演突然喊了一声："八卦步！"我们仔细一看，果然，老人每踩出一个节奏，即构成一幅八卦图阵，而每一图阵的先后顺序既变幻莫测，又灵通圆满，透出一股诡谲的灵气——这正是我们此行找了很久的八卦舞步。

……渐渐地，老人腰不弓、背不驼了，原先灰灰的脸膛变得酡红，浑身像是注满了精气，鲜活如一青春勃发的后生。老人癫狂地随着舞步扭动身躯，像一条跃上青草岸的鲤鱼，浑身伤痕累累如同片片密匝匝排列的鱼鳞，在阳光下干渴地蠕动。蓦地，老人探出双手，合着冥冥中的一种昭示，极富节奏地拍打着身体，巴掌拍击在胸脯上、肚上、背上，响声清亮悦耳，给老人鲜花绽开蝴蝶纷飞的皮肉重重叠叠地烙上了数不清的枫叶样图案。一阵阵混沌不清的呼喊从老人的破嗓子里吼出来，滤过老人管不住风的豁牙嘴，听来就像落在峡谷陷阱里的老狼一样凄凉惨烈。呼号声合着手掌疯狂的拍打声，揉成了一种奇特的声响，神秘地牵引着老人的身体，做出粗犷洒脱的抽搐，像蟒蛇扭腰，像虎豹摆尾，像鹞子翻身，这是生命的释放，是力，是美……

突然，老人嘶哑的嗓子里吼出了一团团猩红的血花，辉煌地在空中画出一道道美丽的弧线，如生命的轨迹。我们一看不对劲，正要上前阻止，却见老人随着最后一声呐喊，轰然扑倒，在地上写出了一个庄严的"大"字。

大家急忙跑过去，发现老人已没有鼻息。

我们找来了村里的人。村里人悲伤了一阵，便按部就班地依着习俗为老人收殓。一位年轻人告诉我们：这是一个老光棍，年轻时候媳妇给人拐走了，还遭了一顿毒打，后来就疯疯癫癫，直到现在。他说：死了倒脱爽……

听了这些，我们愕然。

空出点时间看流星

◎（美国）马克·克劳福

这是一场重要的比赛，露天看台上挤满了家长和孩子们。灼热的阳光照在棒球场上，给人职业棒球联盟赛的感觉。呆在球员休息室的男孩们既紧张又兴奋。

球赛已经进行到第 5 局的下半场了。我儿子的球队目前是以 1 分领先。儿子安迪在右半叶，在他的身后，灯光所到之处的边缘是一片漆黑。我们可以看到远方山脉的黑影一直上升到群星之中。这是个月光皎洁的寒冷夜晚，安迪的小联赛球队奋战了一整年，还是没有在最后的排名当中挤进前 500 名，可是却在这一次的球赛当中打败了两个厉害的球队而得以进入冠军赛。

此刻的气氛非常紧张。再有一个人出局，这一局就结束了。敌队的左撇子强力打击手站了起来。这位身材高大的孩子总是能够击出很远的球。而且，他走路的样子像是刚打出全垒打般地大摇大摆。他站稳在本垒上，像只危险的响尾蛇一般准备袭击。

我紧张地朝安迪的方向望去。他在外野的表现一向不是很好。我很镇惊地发现安迪居然抬头看着夜空。很显然，他并没有注意球赛的进行。我很担心那个打击手把球打在安迪的地方，而安迪却还不知道。这样就会让对手连续得好几分而结束球赛。

我不满地对我太太马妮说："他在那里干什么？"我的太太回答道："什么意思？""你看他，他注意力不集中，他快把事情给搞砸了。那个家伙要把球往他的方向打过去了。"我发牢骚地说。"放轻松，"太太说，"他不会有问题的。这只是一场球赛而已。""加油，安迪！醒醒吧！"这些话与其是对我太太说的，不如说是对我自己说的。我几乎不敢看，我全身紧张。

投手已经把球投出去了。一个缓慢而迷人的漂浮物出现在打击区的中央。我瞥向安迪的方向，他居然还在凝视着天空。我听到球棒的噼啪声……"天哪，千成不可以。"我说。我最担心的是安迪会觉得很尴尬，因为他把自己的表现看得很重要，也很在意队友对他的看法。可是，我也发现那其实就是我为什么会担心是因为我怕我自己也会觉得尴尬，如果他漏接是因为他心不在蔫的话，那可就太难为情了。"把事情完全给搞砸了"、"不够狠"、"让大家的分数落后对方"——这些运动员通常会有的大男人主义的批评在我的背时翻腾绞痛。

"好啊!"这场球赛结束的时候我大叫道。强棒小子击出一垒的滚地球而出局。安迪和我逃过了一劫。不过,对方还是领先我们1分。我一定要想办法让安迪在最后一局里回过神来。

我们坐在靠近本垒的篱笆后面,孩子们从外野走进来的时候,安迪上气不接下气地向我们跑来。我刚要开始说"你在搞什么"之类的言语的时候,安迪就大叫:"你们有没有看到那颗流星?好美啊,好大啊,它的尾巴好长啊!我还以为它会撞到山呢!可是,他后来就不见了!好像是有人把它里面的灯光关掉了似的。不知道这颗流星是从哪里来的?真得好漂亮啊!我真希望你们也会看到!"安迪的眼里闪烁着兴奋的光芒。其实说来,这也和我有关系。我们在练习打棒球的时候,花了很多时间在找流星。

我犹豫了一下,"我也希望你看到了。"我说,"只剩一局了,你们队要让他们占不了优势,打出一棒全垒打吧!""好!"安迪说完后,就跑回球员休息室去找他的队友了。我的太太马妮对着我微笑。我们心里想着是同一件事情。我们很高兴看到自己的儿子会花时间去欣赏生命当中的精奇和美丽。我们很高兴看到他把那件事情看得那么重要。安迪已经花很多时间在经历团队运动当中那令人窒息的压力以及不管付出任何代价都要赢的心态了。谢天谢地,他仍然保有赤子之心。我则是有些懊恼自己居然曾经被卷进同样的旋涡里!

那天晚上,安迪在最后一局里打出了单垒打,可是,我还是很遗憾地没有看到那颗美丽的流星。

欣赏生活

◎ 佚　名

在亚里桑那沙漠过第一个夏天，斯蒂芬想自己会被热死的。华氏112℃的高温快把人烤熟了。

第二年4月，斯蒂芬就开始为过夏天担忧，3个月的地狱生活又要来了。有一天，当他在凤凰城的一个加油站给车加油时，和主人希普森先生聊起这里可怕的夏天。

"哈哈，你不能这样为夏天担忧，"希普森先生善意地责备斯蒂芬，"对炎热的害怕只能使夏天开始得更早、结束得更晚。"

当斯蒂芬付钱时，他意识到希普森先生说对了。在自己的感觉中，夏天不是已经来了吗？开始了它为期5个月的肆虐。

"像迎接一个惊人的喜讯那样对待酷暑的来临，"希普森先生说着找给斯蒂芬零钱，"千万别错过夏天带给我们的最美好的礼物，而夏天的种种不适躲在装有空调的房间里就过去了。"

"夏天还有最美好的礼物？"斯蒂芬急切地问。

"你从不在清晨五六点起床？我发誓，6月的黎明，整个天际挂着漂亮的玫瑰红，就像少女羞红的脸。8月的夜晚，满天繁星就像深蓝色的海洋里漂浮的海星。一个人只有当他在华氏114℃的高温里跳进水里，他才能真正体会到游泳的乐趣！"

当希普森先生去给另一辆车加油时，站在一旁的一位加油工轻声对斯蒂芬说："好啊！你得到了希普森的特别服务——免费传授他的人生哲学。"

使斯蒂芬惊奇的是，希普森先生的话果然有效。他不怕夏天了，4月和5月也就自动与炎炎夏季区分开了。当高温天气真的到来时，清晨，斯蒂芬在天堂般的凉爽中修剪玫瑰花；下午，他和孩子们舒舒服服地在家里睡觉；晚上，他们在院子里玩棒球游戏，做冰激凌吃，痛快极了，整个夏天，他还欣赏了沙漠日出特有的壮观景象。

几年之后，斯蒂芬一家搬到北部的克来兰德，不到9月，邻居们就为过冬担忧了。当12月的大雪真的落下时，他们的孩子，10岁的大卫和12岁的唐真是兴奋极了，他们忙活着滚雪球，邻居们都站在一旁盯着看"这两个从没见过雪的愣头愣脑的沙漠小子"。

后来孩子们坐着雪橇上山滑雪去湖面滑冰，回来以后，大人、小孩都围坐在斯蒂芬家的壁炉旁，津津有味地吃热巧克力。

一天下午,一位中年邻居感慨地说:"多年来,雪只是我们铲除的对象,我都忘了它真能给我们这么多快乐呢!"

几年之后,他们又搬回沙漠。斯蒂芬开车到加油站,新主人告诉他希普森先生因年事已高把加油站卖了,在不远处又经营了一个小型加油站。

斯蒂芬开车到那儿,拜访希普森先生,并让他给自己加油。他更瘦了,满头银发,但是他那愉快的笑容依旧。斯蒂芬问他感觉怎么样。

"我一点不担心变老,"他说着从车篷下走出来,"在这里光欣赏生活的美都欣赏不过来呢!"

他边擦手边说:"我们有三棵果实累累的桃树,卧室窗外还有一个蜂鸟窝,想想还没有我指头大的美丽的小鸟,看上去真像一只小企鹅。"

他开着发票,继续说:"黄昏时,长耳大野兔奔跑跳跃;月亮升起来时,小狼在山坡上成群出现。我从来没有看到有这么多野生动物在春天活动。"斯蒂芬开车离开时,他向斯蒂芬喊到:"去观赏吧!"

回家的路上,希普森这位可爱的老人的幸福秘诀一直回荡在斯蒂芬的脑际。是呀,尽管生活会给人带来种种烦恼,但主要的是,你要学会发现和欣赏生活中的美……

就这样成功

◎ 杜云生

我时常告诉学员："成功有三个最重要的秘诀，第一个是下定决心，第二个还是下定决心。"我问他们第三个是什么，他们说："那当然还是下定决心。"

很多人问我："杜老师，万一下定决心，可是还不成功怎么办？"我就跟他们说："这根本是一派胡言，怎么可能下定决心还不成功？假如下定决心了还不能成功，那就表示他不是真正地下定决心，因为如果他真正地下定了决心，那他的决心就一定会帮助他坚持到底，遇到困难也决不放弃，直到成功为止，这才是真正地下定决心。"

我17岁的时候在做推销员，我所有的亲戚朋友，都非常反对我做推销员，所以，我只好做陌生拜访，可是我又不大敢做陌生拜访，因为我害怕敲别人家门或跟陌生人谈论产品的时候，会被他们拒绝，因此业绩一直无法突破。直到有一天，我的经理跑来找我，他说："你今天跟我去拜访。"结果我就跟他下楼走到马路上，他看到对面走来一个小女孩，就告诉我："假如我现在走过这条马路没有办法向她推销产品的话，我走回马路时就被车撞死给你看。"当时我听了吓了一大跳，认为他怎么可能说出这种话。

他走过马路，开始向这位小女孩推销产品，经过了15分钟之后，他终于把产品卖出去了。

隔天我也想如法炮制，我就走下楼，开始向陌生人推销。可是，当我向陌生人开口的时候，头脑里马上想到万一被拒绝怎么办？于是我又打退堂鼓了。后来我回公司里面，找了一位同事并带他下楼，对他说："你看着，假如我无法向对面那个陌生人推销出产品的话，我走过马路来就被车撞死给你看。"

说完这句话的时候，我脑海里一片空白，根本不知道我即将如何推销。我硬着头皮走过去，开始与陌生人交谈，我根本不知道我要说什么，但是我又不能走回头路，因为，我刚刚做过承诺、发过誓了，于是我使出浑身解数向这位陌生人推销产品，经过了20分钟之后，不可思议的事情发生了：他终于买了我的产品。

20岁那年，我上了一个课程，在课堂上老师告诉我："下一次还有一个课程非常棒，这个课程可以帮助我们激发所有的潜能，让自己能够成为顶尖人物。"我说："这个课程很好,可我没有钱,等我存够了钱再上。"这时候老师对我说:"你到底是想成功,还是一定要成功?"我说:"我一定要成功。"他又问我:"假如你一定要成功的话,请问你会怎么处理这个事情?"于是我说,我立刻借钱来上课。

当然,上完课之后,我有了很大的成长。于是,老师又告诉我们:"下次还有一个课程,还是相当棒,会教给我们领导与推销方面的知识。"我听了之后非常兴奋,可是我没有钱,我只好等到明年再上。当时老师又问我:"杜云生,你到底是想成功,还是一定要成功?"我又回答:"我当然一定要成功啊!""你一定要成功,那你要等到什么时候才来上课?你的收入不够,所以你没有钱,你更应该来上课才是,你说是不是呢?"于是,我又借钱来上课,就这样,反反复复,我一共借了十几万来上课。当上完这些课程之后,我的人生产生了一个非常大的改变,我认为这一辈子都是在那几次课程中塑造出来的。

后来我分析,到底我的人生是怎么改变的,发现答案只有四个字,那就是:"下定决心"。"想要"和"一定要"是不一样的,很多事情看起来很困难,可是当你下定决心以后,它就变得非常简单。很多人时常把下定决心挂在嘴边随便说说,今天说:"我决定要这么做了。"明天又说:"我决定要那么做了。"后天又说:"我决定放弃了。"他们都没有把下定决心当做是一件严肃的事情。我认为真正的决定是一种强烈的欲望——不成功决不罢休的欲望。

　　我有很多学员他们想戒烟，他们想转行，他们想突破自我，可是经过了很多年，尝试了很多次，还是不成功。我将这一种观念告诉他们，结果他们现在都有相当大的转变。所以，各位朋友，千万不要在那"想"成功了，你想成功一辈子也不会成功的。不相信你去问在路上的乞丐他们想不想成功？他们可能也想成功；你去问餐厅的服务员，他们想不想月收入10万？他们也想。可他们为什么做不到呢？因为他们都只是"想"而已。

成功的悲哀

◎ 陈　晴

在菲律宾西部海岸，每年的秋天都能看到这样一个壮观的场面：海面上黑压压地飞来一片云。近看才知是南迁的燕子。它们欢快地鸣叫着，慢慢靠近海岸，但是人们惊奇地看到，一旦到了海岸和沙滩，许多燕子都飞不起来了，永远地闭上了眼睛。遥远的路途飞完了，没有死于皑皑雪峰，没有死于茫茫大海，没有死于暴风骤雨，却死于目的地那细软的沙滩上。

人类也有类似的现象。古希腊人在马拉松镇击败了入侵的波斯军队，希腊士兵斐迪辟兴奋地从马拉松镇跑到雅典。全程42.195千米，他没有在中途倒下，却在报捷后立即昏倒在地，再也没有醒来。

为什么会发生这样的悲剧？如果沙滩再远两三千米，许多燕子难道就飞不到吗？如果雅典再远三五十米，难道斐迪辟就坚持不住吗？他们一定能坚持下去，一定会到达目的地。悲剧发生的原因恰恰是因为目的地到达了，支持他们的信念突然消失了，意志瞬间松懈，身体也随之极度衰弱，于是生命之灯熄灭了。

　　周国平对此曾有一段精辟的论断——最凄凉的不是失败者的哀鸣，而是成功者的悲叹。在失败者心目中，人间尚有值得追求的东西：成功。但获得成功仍然悲叹的人，他的一切幻想都破灭了，他已经无可追求。失败者仅仅悲叹自己的身世；成功者若悲叹，必是悲叹整个人生。

绕过壁垒,成为领跑者

◎ 唐 骏

当时之所以选择去美国留学,是因为美国当时的环境是自由经济的典范,有很多机会超出我的想象。

10年之前,我与当时国内演艺界的一些明星私交甚笃,他们从未到过美国,而我正好有这方面的资源,为此我策划了一场演出,并在美国10个大城市进行了大规模的宣传。但就在这些明星要来美国之前的第9天,律师事务所告诉我,美国大使馆给他们拒签了!

不能如期演出赔钱倒没问题,最大的问题是,我将被几千人同时起诉——这在美国是重大的欺诈罪。

我很害怕,但是我不甘心。

美国是一个政治家的社会,但同时,这个民主的社会也重视每一个纳税人的意见。因此我给当时加州的54个众议员、2

个参议员,每人写了一封信,告诉他们我正在筹办的中国艺术家演出遇到了怎样的障碍,最重要的是,我郑重地写道:"我可以承受我经济上的所有损失,但我不知道如何面对那些每天向我询问的儿童。你们都曾在竞选时承诺,要为了美国的下一代,现在请你告诉我,该如何向他们解释,"而且"如果在3天之内我看不到你们的回复,我会将原文转发给纽约时报、华盛顿邮报等媒体。"

几天之内,邮件、电话、传真纷至沓来,最重要的是他们通过各自的力量把我的要求传达出去,那几天美国驻中国大使馆突然接到了无数来自移民局、办公厅等部门要求调查这个案件的电话。在如此高压之下,我终于在5天之内拿到了签证。

我用三道EQ题来面试我的秘书,并规定答对一道题月薪1万,两道题2万,完全答对就是年薪36万。

题目很简单,比如:营业员小王错将1台价值2万元的电脑以1万元价格卖给了李先生,你是小王的经理,现在需要你写一封信,把这1万元的差价要回来——这种题简单吗?很简单,会写吗?谁都会写;但写了之后能把钱要回来吗?大多数人肯定要不回来了,但其实是可以要回来的,所以回去想想,应该怎么写。

我的秘书之所以成为我的秘书,并不是因为他有多聪明,他在面试的时候实际上一个问题都没答出来。但关键是,我并不需要一个聪明过人的秘书,我只需要他在一定的环境下能够帮助我协调好周围的资源。果然，他调动身边的一切资源，用了1天的时间，给出了答案，他被录用了。

我还有很多这样的故事，我刚刚所讲的只是我所面对的壁垒中的万分之一。面对这样的壁垒，很多人跑掉了——千万不要跑掉；还有很多人说，我对自己有信心，我跟这些壁垒去对撞——这样的人比跑掉的人更愚蠢，我从来没有看到过一个人与壁垒对撞，最后能够取得成功。所以一个人面对壁垒，应该想尽一切办法绕过它们，一个人的能力会在绕过这些壁垒时体现出来；而且对你而言是壁垒的，对他人而言同样也是，若你能绕过，相当于把一大部分竞争对手挡在了身后，那么最终跑在前面的始终只是那么寥寥几个人。

你不能失败

◇ 刘 墉

今天我在学校体育组见到一件怪事,当时球队正为晚上的比赛做练习,突然接到一个队员从地下铁车站打来的电话,说是因为天气一下转凉,他穿的衣服太少,如果站在冷风里等公共汽车会感冒,所以希望队友开车去接他。

从学校到地下铁只有 15 分钟的路,真是再简单不过的事,可是你知道球队的教练怎么说吗?

他居然说:"电话不要挂,先问他感冒没有,如果还没有感冒,就立刻去接。假使已经感冒,再严重一些也不要紧,就自己吹风,坐公共汽车来吧。"

我听了大吃一惊,岂知教练有他的道理:

"如果已经感冒,今天晚上当然是泡汤了,又何必浪费别人的时间去接,而且影响了大家的练习。本来嘛!迟到就不应该，天气多变，不注意身体，更不应该。自己不小心，且不以团体为重，谁又能管得了他！"

这件事，使我想起国内的一位企业家朋友讲的话。他说：

"在我的公司里，如果一个人40岁还没有升迁到主任，就永远不必再想这个位子，因为临退休爬上来已经嫌迟，既然不可能再由主任的位子往更高阶层爬，就乖乖地待在下面，免得影响了其他有冲力的人！"

他的理论虽不全对，但是跟下面西方哲学家赫伯特的这几句话，不是很相似吗？

"一个人如果20岁时不美丽、30岁时不健壮、40岁时不富有、50岁时不聪明，就永远失去这些了！"

这个世界是不等人的，它残酷得甚至不能给予失败者一点同情心。

譬如在一组人执行秘密的战斗任务时，如果其中一个不幸受伤而无法继续前进，为了怕他被俘之后泄露军机，造成整个行动的失败，领导者可能不得不将那人灭口。

譬如几个人同去爬山，以绳索相连攀援峭壁时，如果一人失足，悬在半空中，费尽方法不能解救，而其他人却可能因此都被拖下深谷时，只有割断绳索，将那人牺牲。

谁希望受伤？谁希望失足？

谁又能责怪他受伤与失足？

只能责怪命运！而命运常常是残酷的！

相信你一定在电影里看过，当马腿关节受到重创时，主人常不得不将它一枪打死。我曾经问一位马术教练，难道那马断了腿，就活不成了吗？为什么非要置之于死地。

他说：当然能活！但是身为一匹马，不能跑了！就算活着，又有什么意义？

以上，我讲了许多残酷的故事给你听。因为你已经是可以接受这种事实的年龄，未来也将面对这些残酷的现实。

"你必须成功，因为你不能失败！"

这是一句非常莫名其妙的话，却又是耐人寻味的真理！

坚定的后果

◎（美国）阿瑟·莱恩汉姆

美国大作家马克·吐温年轻时热衷于发明创造。他一生中，在各种新产品、新发明上的投资多达50多万美元。但那些项目没一个成功，他的投资都打了水漂。后来，马克·吐温心灰意冷，发誓永远不在"新奇玩意儿"上浪费金钱了。

一天，一个年轻人登门拜访这位大文豪。来访者胳膊底下还夹着一个怪模怪样的东西。原来，年轻人发明了一种新装置，需要资金来推销和大批生产这种装置。马克·吐温说自己有过无数次投资失败的教训，再不打算冒任何风险了。

"我并不指望巨额投资，"年轻人说，"只要500美元，您就可以拥有一大笔股份。"想起自己刚发过的誓言，马克·吐温还是摇了摇头。失望的年轻人只好起身告辞。看着他的背影，大作家不由心头一动。"嘿！"马克·吐温在客人身后叫了一

声,话一出口,他立刻为自己的不坚定感到羞愧。为了掩饰,他马上改口说:"……你刚才说你叫什么名字?"

"贝尔,"年轻人回答,"亚历山大·格雷厄姆·贝尔。"

"再见,贝尔!祝你好运!"马克·吐温关上了房门,心想:"谢天谢地,我总算坚持住了,没向贝尔投资。"

今天我们知道,年轻的贝尔胳膊下夹着的"新奇玩意儿"叫电话。所有给这个新产品投资的人,日后都成了百万富翁。有时候,"坚定"不总有好结果,"一时冲动"也不总是坏事。因为太坚定,马克·吐温与机会失之交臂。

错失的机会

◎ 云 弓

改革开放之初,几个哥们约小李一起去广东贩电子表,小李不以为然,可是那些哥们都发了,等小李开始认真考虑这个问题的时候已经满街都是卖电子表的小贩了。小李后悔极了。

如果时间真能倒转,我们每个人都会成功的,不过即使时间不能倒转呢?

终于有一天,小李打起行装决定一个人去广东。我问他做什么生意,他竟然说不知道。但他告诉我,他发现一个规律,只要广东流行的东西,不几年内地就流行,只要你做了,肯定错不了。这回反倒是我犹豫了。

几年后,省城开了家最大的家电商场,美其名曰"大集体",其实就是几个人合伙经营而已,其中有个老板就是小李。那时国营的商场进货渠道单一,定价又不合理,很快小李就发达了，没过几年，他把电器卖得一件不剩，又开始做电脑，愈加发得不可收拾。

前几天我又碰到他，已经是老李了，他说他已经把店盘给了别人，正准备出去走走。我说："还到广东吗？"他摇摇头："现在信息流通都很顺畅，广东已经不行了。"他要去国外看看，他发现很多国外流行的东西可能就是国内即将流行的，他还特意给我讲了强化木地板的例子。不久老李就出了国，不知道下一次回来，他又要干什么大事。

其实生活中我们缺少的不是机会，而是捕捉机会出现规律的慧眼。细致地分析每一次机会出现的共同规律，掌握了机会出现的脉搏才有可能抓住机会，甚至走在机会的前面。

请别单独用餐

◎ 佚 名

抓住一切时机,努力建立良好的人际关系,这是作者凯斯·弗拉基在其新书《决不单独用餐》中揭示的成功之道。

弗拉基生长在美国宾夕法尼亚州的农村,父亲是钢铁工人,母亲是清洁工。他依靠个人努力,特别是在与人打交道方面的超人才能,获得奖学金进入耶鲁大学,并获得哈佛大学工商管理硕士学位。毕业后弗拉基进入著名的底特律咨询公司,很快做到了合伙人的位置,并成立了自己的咨询公司,成了业界白手起家的典型。在不到40岁时,弗拉基已经建立起一张庞大的关系网,其中既有华盛顿的权力核心,又有好莱坞的大牌明星,他自己则成为"美国40岁以下名人"和"达沃斯全球明日之星"。

"记得刚进哈佛商学院的时候,我诚惶诚恐,实在不敢相信一个穷小子能跻身全美最高商业学府。一年之后，一个念头浮上心头：我身边这些家伙都是凭什么本事进来的？"弗拉基发现，善于同陌生人接触是成功人士区别于他人的重要标志，成功者善于主动与别人接触，建立起庞大有效的联系网络，并利用关系网开展工作，最终促进各方共赢。在《决不单独用餐》一书中，弗拉基总结出人际交往需遵循的原则。

不要总想着怎么实现自己的目的。交朋友的要旨在于真诚和慷慨，一些为了拉关系而钻营的做法是种短视的行为，表面热情握手但却内心冷漠，这样的人交不到真正的朋友。要办大事，既要考虑自己的目标，又要让那些对自己重要的人实现他们的目标，合作的基础是互利共赢。

始终积极与外界保持联系。要始终关注周围人，通过身边小事发出积极信号，让别人感到你一直在关心他们，而不要等到需要帮忙时才临时抱佛脚。

决不单独用餐。不管你是在公司工作，还是参与社区活动，不管在哪里，你都必须马上融入这个圈子，成为集体的一部分。要是自己单独用餐不搭理别人，那只能说明自身与他人和团体格格不入，这种孤立所带来的后果很可怕。

不要害怕暴露弱点。与人积极接触、坦诚以待，难免会暴露自身的弱点。有人害怕这样，过于矜持和保守，从而丧失了与他人建立密切联系的机会，也同时丧失了无限广阔的发展机遇。

弗拉基还以实际事例讲述了人际交往中的具体方法，比如如何在别人拒绝时挽回事态，如何给有戒备心理的人做工作，如何通过生活工作的小事让别人感动等等。弗拉基说："这些芝麻小事往往不为别人所重视，但正是小事帮我取得了目前的成功。"

付出是痛苦的"解药"

◎ 杨基宽

我问一位员工："您会在周末的时间思考突破的方式吗？"他摇头说不会；我再问他："那会在平常下班后的时间思考吗？"他也说不会。

这是我与一位已经在公司任职4年的中阶主管间的对话。这段对话起因于，这位员工向我说，已有好长一段时间了，他无法突破工作上的瓶颈，他说，如果再这样下去，他希望能转调职务，因为他想在事业上有所成就。

我进一步请教他想转调的真正原因，他说，他已经连续好几个月没有达成公司给他的工作目标，虽然这期间他已绞尽所有脑汁，尝试过各种努力，但仍然无法突破现状，因而才想换一个新环境。

我对他所说的"他已绞尽所有脑汁"的境界感兴趣；也好

奇他所谓的"尝试过各种努力",到底是到什么样的程度?因为从他的口气听来,他好像已对自己鞠躬尽瘁,所以我问他,他都是用什么时间去思考突破的方式?因为假设他已毫无保留地付出,但仍然无法突破,那么经营阶层就要介入了。

但从上述简单的对话上可以得到一个结论,就是这位主管所谓的"绞尽所有脑汁"与"尝试过各种努力"都只发生在上班的时间。

在了解到他对于"完全付出"的定义之后,我请他陪我玩一个"停止呼吸"的游戏,我请他试试看,如果要暂时屏着呼吸的话,他最长可以忍耐多久?他十分纳闷地照我的意思做,他深吸一口气,然后闭气,但是到了57秒的时候,他就受不了了。

我告诉他,根据医学统计,人的脑子如果缺氧超过2分钟,就有可能变成植物人,换句话说,2分钟应该是人体的极限了,接着我请他猜猜看,人类暂时屏着呼吸的世界记录会是多长?这位同事可能因为听了我之前提及的医学论点,因此他猜测"应该不会超过2分钟吧?"我摇摇头说不止,他再猜3分钟?我说不是,他继续猜4分钟、5分钟、6分钟、一直到7分钟的时候,我稍微点了头,全世界屏着呼吸最长的纪录是7分45秒。

他摇摇头说不可能,"因为如果人缺氧2分钟就会成为植物人,那么要屏气7分45秒,怎么可能?"我向他说明,不是

只有他认为不可能,事实上,连科学家也不相信,因此有一组科学家还特别对这位纪录保持人进行医学检验,试图证明他的心肺构造是否天生异常,但是令科学家讶异的是,他的心肺构造和常人完全一样!这位同事半信半疑,当我说出那人办到的秘诀,纯粹只是因为他在工作上不服输。

这位记录保持者其实是一个 40 岁的平凡法国人,他的工作是在地中海教游客浮潜,在过去的 20 年中,每一次在他带游客从海里浮出水面时,这位教练都会要求自己,要比上次浮潜的时间多待在水中 1 秒钟,就是这样,经过 20 年的练习,他从原本在水中待不了超过 1 分钟的状态,竟然达到 7 分 45 秒的世界记录。

我对这位朋友说,你跟这位法国人相同的地方是,都想超越自己,但你跟法国人不一样的是,当你面临无法突破的痛苦时,却可以在下班后将痛苦完全抛得开,似乎你的痛苦还没痛到让你必须全力以赴才足以应付!

最后我提醒他:"你若真心想突破自己,请把自己与痛苦紧紧绑在一起,任它折磨你到找出答案为止。"因为付出才是痛苦的解药。

我是这样晋升的

◎ 海 岩

我是靠领导和同事的关怀与欣赏才坐到今天这个位置的,但凭什么只欣赏你不欣赏他?这需要研究。我升得并不快,但总能一步一步往上走。我曾分析过自己的长处和短处,短处是文化程度低,至于长处,一是我虽不刻苦,但很能吃苦,打水扫地我都干,在基层单位这很重要,关系到你给别人的印象和你的口碑;二是我和人相处时比较谦让,不喜欢争。我被动,不追求特定目标,只要这件事做得大家都高兴,目标达没达到没关系。所以我在单位是一个招人喜欢的人。有些人可能能力很强,但锋芒毕露,从不顾周围人的反应和感受。

这两点形成了我的性格气质,也是我后来人生所达到的境界——吃苦耐劳也是境界。

我爸爸曾评价我"聪明绝顶,不学无术"。"无术"是指没专业，聪明是说我对喜欢的东西会很快掌握。比如在机关里，领导让我写份报告，写完后他们看了，会说，不错呀，不是个光吃饭、只会逗大家高兴的家伙。那时向领导汇报一件事——处长说，明天向局长汇报，我就得赶紧把材料整理好；到那天，科长汇报，处长补充，我就是个拿材料的。通常，把所有材料都看一遍，做到万无一失，我得干到深夜一两点钟。不过，这也为我带来了大好机会：汇报时，局长会不断询问关于报告的细节或者具体数字，处长、科长未必记得，这时便是我插嘴的时候了，根本不需翻材料，啪啪啪啪打机关枪一样说完了。几次下来，局长会说：嗯，这个小伙子不错啊。马上就引人注目了。

你得把握好时机，不多说，只说具体事。至少领导会感觉到你这人非常负责任，好感产生了，注意力也有了，否则谁在意你呀。险恶的事也有。你往上升，不想伤害人也伤害了，招人嫉恨。我不和人争这种境界不是一开始就有的。我觉得改造自己特别不容易，得学会压抑和克制，但仍然比改造别人简单。当你把自己改造完了后，你会突然发现，他怎么突然对你友善起来了？

有人说成长是一个被加工后重新组合的过程，这是有道理的。这种成长的力量是有惯性的，能一直将你推进不同的层次中去。

我是商人，在国内经商，很多努力要用在商业之外。做生意时，往往因人而异，今天和这个人是一套做法，明天和那个人可能是另一套做法；同样在广东做生意，今年和明年政策风向不一样，手法也可能不一样。中国企业家面临的是不规范的市场、不健全的法规和时时刻刻在变化的人际关系、政策风向，就得把大量精力放在人际关系的处理上。尤其是内部，简直就是一个复杂的人际关系工程。任何一个企业家，如果只懂企业运营，不懂处理人际关系，不可能立住脚。所以，不管你是要做一个有前途的科员，还是一个成功的企业家，做好你身边的人际关系，非常重要。

海岩：中国著名作家。曾出版过多部畅销小说，如《玉观音》、《一场风花雪月的事》、《平淡生活》等等。海岩原名侣海岩，1954年出生于北京，1969年应征入伍。做过北京市公安局干部、北京新华实业总公司管理处处长，现任昆仑饭店总经理，锦江集团有限公司副总裁。

上世纪早期的招聘启事

◎（美国）弗兰克·克莱恩

现招聘男孩一名——他要坐立笔直，言行端正；

他的指甲不能乌黑，耳朵要干净，皮鞋要擦亮，清洗衣服，梳头发，好好保护牙齿；

别人和他讲话的时候他要认真听，不懂就问，但与之无关的事情不要过问；

他要行动迅速，不出声响；

他可以在大街上吹口哨，但在该保持安静的地方不吹口哨；

他看起来要精神愉快，对每个人都要笑脸相迎，从不生气；

他要礼貌待人，尊重女士；

他不吸烟，也不想学吸烟；

他愿意说一口纯正的英语而不是俚语；

他从不欺负别的男孩也不允许别的男孩欺负他；

如果不知道一件事情，他会说"我不知道。"当他犯了错误，他会说："对不起。"当别人要求他做一件事情，他会说："我尽力。"

他会正视你的眼睛从不说谎；

他渴望阅读优秀的书籍；

他不想故作聪明或以任何形式哗众取宠；

他宁愿失去工作或是被学校开除也不愿意说谎或是做小人；

他是讨人喜欢的人；

他在与女孩的相处中不紧张；

他不会为自己开脱，也不会总是想着自己或是谈论自己；

他和自己的母亲相处融洽，和她的关系最为亲近；

有他在身边你会感到愉快；

他不虚伪，也不假正经，而是健康、快乐、充满活力；

任何地方都需要这样的男孩。家庭需要他，学校需要他，办公室需要他，男孩需要他，女孩需要他，世界万物都需要他。

侧对步马

◎ 郭彩凤

昨天碰到正在找工作的阿祥，他指着厚厚的一叠简历说："已经参加了20多个单位的招聘了，虽然没有成功，但我准备继续坚持下去，直至找到工作为止。"言语中不无自豪。

我不由想起侧对步马来。在西方赛马中，有一种叫走马，也叫侧对步马。与平时赛马只求速度上的领先有所不同，它既要求速度领先，又讲究步伐的平稳。

为了让侧对步马取得好成绩，要配备几十种用具，如长短不同的脚绊、膝靴、踝靴、眼罩、马笼头等，任何一项出了差错，都会影响马比赛时水平的发挥。

但多数人常常忽视这一点，在马表现不好的时候，他们会不停地用鞭子抽打，希望马儿再加把力，而不注意检查它配戴的用具是否正常。结果，很难指望赛马超水平发挥。

阿祥的求职也是如此。他整天马不停蹄地寻找招聘信息，然后盲目地参加招聘，屡战屡败后也不注意总结教训，寻找失利原因，分析自己仪表谈吐、求职方法以及知识、能力诸方面的不足，而是固执地认为是自己不够努力，走的单位不够多。结果只能象不懂行的人操练侧对步马那样，事与愿违。

其实，正确的方法比持之以恒更重要。

控制自己的情绪

◙ （美国）卡耐基

某个政党有位刚刚崭露头角的候选人，被人引荐到一位资深的政界要人那里，希望这位政界要人能告诉他一些政治上取得成功的经验，以及如何获得选票。

但这位政界要人提出了一个条件，他说"你每次打断我的说话，就得付5美元。"

候选人说："好的，没问题。"

"那什么时候开始？"政客问道。

"现在，马上可以开始。"

"很好。第一条是，对你听到的对自己的诋毁或者污蔑，一定不要感到愤怒。随时都要注意这一点。""噢，我能做到。不管人们说我什么，我都不会生气。我对别人的话毫不在意。"

"很好，这是我经验的第一条。但是，坦白地说，我是不愿意你这样一个不道德的流氓当选的……"

"先生，你怎么能……"

"请付5美元。"

"哦！啊！这只是一个教训，对不对？"

"哦，是的，这是一个教训。但是，实际上也是我的看法……"资深政客轻蔑地说。

"你怎么能这么说……"新人似乎要发怒了。

"请付5美元。"

"哦！啊！"他气急败坏地说，"这又是一个教训。你的10美元赚得也太容易了。"

"没错，10美元。你是否先付清钱，然后我们再继续谈？因为，谁都知道，你有不讲信用和喜欢赖帐的'美名'……"

"你这个可恶的家伙！"年轻人发怒了。

"请付5美元。"

"啊！又一个教训。噢，我最好试着控制自己的脾气。"

"好，收回前面的话。当然，我的意思并不是这样，我认为你是一个值得尊敬的人物，因为考虑到你低贱的家庭出身，又有那样一个声名狼藉的父亲……"

"你才是个声名狼藉的恶棍！"

"请付5美元。"

这是这个年轻人学会自我克制的第一课，他为此付出了高昂的学费。

然后,那个政界要人说:"现在,就不是 5 美元的问题了。你要记住,你每发一次火或者对自己所受的侮辱而生气时,至少会因此而失去一张选票。对你来说,选票可比银行的钞票值钱得多。"

迈步前行

◎ 马付才

法国机械工程师吉拉德一直梦想着造出世界上第一辆真正意义的汽车，他穷其一生追求着这个理想。

在他之前，法国陆军工程师居纽奉陆军大臣舒瓦瑟公爵的命令，于1771年制造出第一辆用蒸汽机做动力的车，被称为"大板车"，用以运送军火。这辆车以粗木做车架，装有三个车轮，前轮既是驱动轮，又是转向轮，司机可通过一个双把曲柄控制方向。"大板车"因锅炉太大，比较笨重，难以操纵，在试车时就撞倒了一堵墙。1801年。英国人特里维西克也造了一辆蒸汽动力车，但是，这辆同样笨重的蒸汽动力车，在特里维西克开着它去吃饭时，放在一家小饭店门前的棚子里，最后因锅炉烧干引起火灾。不但烧毁了一座房子，那辆车也彻底报销了。吉拉德从这些前人造车失败的经历中总结出了教训，他认为他们之所以失败都是因为没有理论只懂蛮干的结果。此后数十年，吉拉德精心研究关于机动车制造的理念，其研究细致到鉴定哪种材料造车最为合适。为此，仅仅是图纸他就画了上万张。吉拉德为实现造出世界第一辆汽车的梦想，孜孜不倦地研究着，但是，就在他无休止地推敲中，1886年1月29日，德国人卡尔·本茨，一个火车司机的儿子，用高压电火花为发动机点火。采用汽化器，使用液体燃料，用前轮控制方向，造出了现代意义上的第一辆汽车并取得了专利。不久，本茨车（奔驰车）投入批量生产，从此。人们将1886年1月29日这天视为汽车诞生日。

　　吉拉德到死也没有能实现他的梦想，他的梦想仅限于一堆图纸。吉拉德直到去世前才醒悟过来，他在日记中写道：世界上没有被计算到最完美、最精确的事物，上帝也从来没有把万无一失，一切到位的福分赐予人类，你总要去实践，总要在差不多的时候。赶紧迈步前行，否则只会在自己的圈圈里打转。

　　有人在吉拉德死后看到了他所写的关于制造汽车的理论和部分图纸，也许，吉拉德按照自己的理念和图纸去制造汽车，并在实践中不断修复和完善，世界上第一辆汽车早就在1886年1月29日之前诞生了。可是。天下像吉拉德这样，由于对计算苛求完美，最终遗恨辞世的人实在是太多了。他们本可能成为英雄豪杰流芳百世，就是因为可怕的计算，让他们一生积攒起来的精华最终枯萎凋谢。应该明确，天下事并非是在人们的头脑中计算出来的，而是一步步走出来的。

真假顶峰

◎ 李 群

鹰峰坐落于科罗拉多州的泉城郊外,美国空军学院的后面,很受当地徒步旅行者们欢迎。

初次登山的人一般会被告知,登顶来回要用一整天,最好尽早出发,旅程将会非常艰辛。通常旅行者会听从忠告,做好准备。但是当旅行者到达山下的停车场,他们会亲眼看到,山路毫无艰险之处,即使慢悠悠地走到山顶再返回,无论如何也用不到半天时间。

于是他们改变计划,悠闲地在路上漫步,频频偏离正道漫游。他们停下来玩耍、吃东西、看风景。这样走了将近半天,他们终于攀上山顶,却发现原来上了自己眼睛的当。那些过来人并没有骗他们,因为现在所处的山顶,并不是真正的顶峰,只不过这个山峰一直挡住了他们的视线。真正的顶峰还有很

远的距离。

旅行者很快重新估算了时间，断定如果足够努力，还能走到顶峰，并在天黑前返回。于是他们匆忙举步，终于在太阳落山之前到达了目的地，然而，他们发现另一座山峰又伫立在眼前。其实，在到达鹰峰的顶峰之前，必须攀越另外两个山峰。缺少经验的旅行者知道自己无法到达预期目标了，只得悲哀地回头，踏上下山之路。

人生中有许多真假难辨的山峰，如果只把眼前的山峰作为目标，就永远不能登上真正的顶峰。

输给自己的心

◎ 兰精灵

他和另外两个钳工决战"四强"晋级比赛。他们同是全国优秀钳工排名在前10位中的佼佼者。

比赛的题目是锯一个镂空的钢花，要求完成的时间为一个半小时，锯完的钢花要精确到和模具上的一模一样，要能严丝合缝地放进模具才算是胜利者。锯工是钳工的基本功，也就是说一个优秀钳工一定要有良好的锯工功底，而锯镂空的钢花应该算是基本功中难度最大的了。选手们都开始精心准备，计算从哪个位置开锯所用的时间最短……

比赛前他信心百倍地说，凭他的技术，胜出者必定是自己。

在距比赛结束还有15分钟时，他举起了手。他说，如果有更大的胜算机会，那么他这么做就一定会给另外两名选手造成很大的心理压力。事实证明他的做法的确给另外两名选手很大的压力，甚至有一名选手的锯刀因此折了两次。

他有些自鸣得意。然而随着时间一分一秒的流逝，他有些后悔了，后悔自己没有来得及检查一下"作品"是否足够精确。

1小时30分后，比赛结束。

他迫不及待地第一个把自己的"作品"放在了模具上，很可惜，只差一点点而已，一个很小很小的点使他与金牌失之交臂，同样失败的还有那个锯刀折了两次的选手。

他说："我太想赢了，我太相信自己的技术，唉，如果再晚举手5分钟，再检查一下，或许……"

是的，如果再多给每个人5分钟，每个人都可能成为英雄，然而这就是比赛的残酷性。

而失败有时也不仅仅因为时间，有时也因为我们的心，当我们的心不在自己的身上时，一定会在对手的身上，我们总是幻想踩在别人的头上，但总是不小心踩到自己的脚。

拒绝极端

◎ 李开复

自信、自省、勇气、胸怀、积极、同理心六种态度都是成功的必备要素，也都是成功者需要具备的优点。但是，一旦将其中某一种态度发展到极端，优点就会立刻演变为缺点。

我看到过一个负面极端的例子：有位企业管理者建议员工读一读拿破仑传记中的一则小故事。那则故事的大意是拿破仑小时候常和同学打架，但总是输给对方。他下定决心，即便被打死也不服输，并采用非常规和"自杀式"的袭击与对手较量。结果，这种"拼命"精神终于使对方屈服了。这位企业管理者教导他的员工向拿破仑学习。——在我看来，这是一种典型的极端。在拿破仑的这则故事里，我看到的不是一个勇敢的英雄，而是一个自大、固执、不自量力的家伙。虽然我不是历史学家，但我很清楚，这样的事例绝对不值得学习。

另外我曾经亲身经历过一个极端的测验：公司在培训课程中，让10个副总裁围成一圈，一个半小时内可以畅所欲言，惟独不可以讲公司的事情。于是，大家开始谈论天气、政治、体育……其间还出现了争执。在热烈的交谈中，时间不知不觉就过去了。一个半小时后，每个副总裁都按自己心目中对其他副总裁的尊敬程度，为他们排一个序，并把自己安插在合适的位置。排序后我们发现：倒数第一的是从头到尾没有讲话的人，倒数第二是话最多的人。不说话的人可能有想法，但没有表达出来，那么别人就会认为他没有意见。相反，话太多的人可能有一部分话很有意义，但也讲了许多不该讲的话。这使他无法得到大家的好评。

所以，"沉默是金"和"口无遮拦"都不可取，那么我们怎么达到"中庸式的智慧沟通"呢？这让我想起另一个故事：记得我刚进入苹果公司开始我的第一份工作时，公司里有一位经理叫西恩，大家都知道他是一个非常有才华的人，尤其在开会的时候，他得体的言辞完美地展现出他过人的才学、情商与口才，足以让在场的所有人钦佩不已。

有一天，我鼓足勇气去向西恩讨教有效沟通的秘诀。西恩说："我的秘诀其实很简单，我并不总是抢着发言，当我不懂或不确定时，我的嘴闭得紧紧的；但是，当我有好的意见时，我绝不错过良机——如果不让我发言，我就不让会议结束。"我问他："如果别人都抢着讲话，你怎么发言呢？"西恩说：

"我会先用肢体语言告诉别人:下一个该轮到我发言啦!例如,我会举起手,发出特殊的声响(如清嗓子声),或者用目光要求主持人让我发言。但是,如果其他人的确霸占了所有的发言机会,我就等发言人调整呼吸时,迅速接上话头。"我又问他:"如果你懂得不多,但是别人向你咨询呢?"西恩说:"我会先看看有没有比我懂得更多的人帮我回答。如果有,我会巧妙地把回答的机会让给他;如果没有,我会说我不知道,但是我会去查,等会开完,我一定去把问题查清楚。"

跟他的一席话让我学到了很多东西——只要把握好说话的度,选择好说话的时机,就可以得到周围人的尊敬,而且别人也会从你的话语中了解到你是一个渊博而谦逊的人。

演出就要开始

◇ 蔡吉功

日本国北海道文化使节访问团一行 24 人应邀来我国某市演出。演出前，中方工作人员把艺术剧院的舞台擦得一尘不染，光可鉴人。因为日本的演员在表演舞台剧时有一个习惯，一般赤足或仅穿一层薄袜。

剧院内座无虚席。演出再有 10 分钟就要开始。依据安排，日本文化访问团长演出前有一段讲话。大家找来找去没找到，主持演出的同志着急了，他跑到前台想向观众朋友解释一下。当他刚走出后台幕布，借着昏暗的灯光发现让人吃惊的一幕：那名团长气喘吁吁地光脚来来回回一寸一寸地摩擦着舞台的每一角落。他旁若无人，专心致志地干着这项累人的工作，不时俯下身用手摸索着光滑的地板，决不放过一寸地方。大约持续了 10 多分钟，才告结束。

演出晚了10分钟才正式开始。在后台，那名叫加藤的60多岁的团长，擦了一把汗，长长地吁一口气，脸上带着满意的神态。

通过翻译，加藤团长歉意地说："不是不相信中方人员的工作，而是个人的一个习惯。舞蹈的韵律出自于双足的优美表演，万一地上有什么东西硌了脚，那就太对不起艺术，对不起观众了，我不想偶尔的一个不慎，破坏了艺术的完美和在观众心里的形象。"

众人哑口无言。但细心人还是发现，加藤团长偷偷丢弃在果皮箱里一个小钮扣和一个小木片。

有时候，小细节决定一个大事情的成败，艺术如此，人生不也如此吗？

弱点的价值

◎ 佚　名

英国肯特郡阿什福德市男子乔治·里普雷到美国佛罗里达州旅游时被一只致命的"黑寡妇"毒蜘蛛咬了一口，然而幸运的是，由于乔治体重超过127公斤，身上全是肥肉，蜘蛛的毒液无法迅速扩散，从而使乔治得以"蛛口余生"，从死亡边缘幸运地捡回了一条命。

据报道，当时50岁的乔治·里普雷只感到腿部轻微一痛，并没有当回事。然而没多久，他的左腿就开始肿胀，本人甚至一度发生昏厥。第二天，当乔治来到医院时，护士才察觉乔治腿上的可怕症状。医生对乔治进行了血液检测，证实他被一只"黑寡妇"毒蜘蛛咬伤了。医生对乔治说，他能大难不死简直就是一个奇迹。乔治说："我的脚肿得就像厨房中吹满气的橡皮手套一样。"

据医生称，乔治之所以被"黑寡妇"毒蜘蛛咬中后还能侥幸活命，是因为他太过肥胖，毒液没法迅速渗透、弥漫他庞大的身躯。大难不死的乔治说："我不希望任何人再对我说。我应该减肥这样的话了。"不过，尽管乔治捡了一条命但蛛毒却在他身上引起了淋巴水肿，他在相当长的一段时间里根本无法外出。

幸亏乔治没有减肥，否则后果不堪设想。人不应当只注重自身的优点，而忽视自己的弱点，因为说不准在何时何地，有时，你的弱点就会带来不可思议的益处。

想成功的人请举手

◎ 王 磊

布罗斯进入白宫的时候只有 22 岁，在同事中引起一阵不小的骚动。虽然他只是一个普普通通的公务员，一个毫无经验的撰稿人，但他特立独行的性格还是给人留下了很深的印象。尤其是他那一头染成红色的头发，更是在西装革履、素以保守沉稳著称的白宫撰稿人中显得格外惹眼。

布罗斯不仅在衣着上显得与众不同，而且对自己的职业也有着不同于别人的看法。白宫的撰稿人是一个很特殊的群体，美国大部分的对外施政纲领和所有演讲稿都由这些智囊们构思、策划、润色。从某种角度上说，他们代表着美国的形象。所以，对撰稿人的选拔也就格外严格。他们内部也按照资历，有着严格的等级分别。而布罗斯并不在意这种看似不可逾越的等级差别，刚进入白宫不久，他便根据自己从亲身实践中获得的经验,向上司陈述了一些自己的意见。可现实毕竟不是童话,布罗斯独到的见解不仅没有得到上司的青睐,还招来了同事们的冷嘲热讽。关系不错的朋友都在私下劝他收敛一下,免得言多必失。初出茅庐便碰壁的布罗斯渐渐变得沉默寡言,心底却在苦苦等待着新的机会。

2005年,随着国务卿鲍威尔的辞职,白宫再次发生了天翻地覆的巨变。一朝天子一朝臣,谁也不知道自己的饭碗是否还能保住,白宫撰稿人们都暗暗为自己捏了一把冷汗。不久之后,新上任的国务卿赖斯便召集所有撰稿人开会。出乎大家的意料,赖斯并没有裁员的意思,只是想向众人征询关于撰写白宫演讲稿的意见。没有了失业的压力,众人又恢复了保守沉稳的本性,一个个沉默不语。会议开得非常沉闷,不时有人打着哈欠。就在失望的赖斯准备结束这鸡肋般的会议时,一个红头发的年轻人高高举起了手。众人纷纷把目光投了过去,接着爆发出一阵哄笑——又是布罗斯,这个性格叛逆的年轻人不知道又会说出什么让人吃惊的话来。看到这整场会议中惟一主动举手的人,赖斯便让他阐述自己的观点。面对国务卿,布罗斯显得有些拘谨,略带慌乱地陈述完了自己的想法。赖斯微笑着听完了他的话,觉得大多数的想法并没有什么新意,不过也有一些点子很有创造性。会议结束后,赖斯转身告诉身边的助手:"请留意一下这个红头发的年轻人。"

从那之后,布罗斯很快便从众多的撰稿人中脱颖而出。不久，他便成了赖斯惟一的撰稿人。一篇篇天才的演讲词从他笔下流淌而出，成就了赖斯，也照亮了自己。年仅26岁的布罗斯在等级森严的白宫中平步青云，成为了白宫中最年轻的高级顾问。他走红的速度甚至让以造星闻名的好莱坞大跌眼镜。如今，无论赖斯走到哪里，人们都会在她身边看见一个红头发的大男孩，他已经成了白宫高层必不可少的成员。

与其早成功，不如晚成功

◎ 曾仕强

在20岁以前，几乎每个人都差不多，差别很有限。但在20岁以后。有的人进步很快，有的人进步很慢，所有的变化几乎都是在20岁以后。而20岁就是一个人进入工作职场的年龄，他会在工作中去成长，会以他的领导作为模仿的对象。所以一个领导者其实有两个责任：一个就是教育他，要求他。让他不断成长；一个就是给他机会，让他好好表现。这才是人性化的管理。

所以一个人碰到好老板，他会成长很快；碰到不好的老板，他就会很倒霉，即使本来很有能力的，却越来越萎缩。员工会不会成长，就看他有没有一个好的领导。所以，一个好的领导的最大责任，就是让你的员工都能够很顺利地成长，这是最大的功德了。你让他赚到钱，其实是在害他了。因为一个人

与其早成功，不如晚成功

成功太早了，他的后半辈子是非常辛苦的。

我有两句话供大家作参考：第一句，与其早成功，不如晚成功；第二句，与其晚失败，不如早失败。

年纪轻轻怕什么失败？失败了爬起来再来。所以我们现在许多人的观念很差，总认为不到30岁就当总裁，那是一件了不起的事情。其实我每次看到人家的名片，很年轻就当总裁，我真替他担心。他下半辈子怎么过呢？我不知道。当然他可以撑，但是要撑那么久，很辛苦。如果50岁才当总裁的话，他了不起撑个十几年，那还是可以的。你20多岁就当总裁，要撑三四十年，那是很累的。因此，与其早成功，真的不如晚成功。一个人最可爱、最可贵的感受，是在不断成长的过程中体验到的，这也叫中道。

不争气的马

○ 薛贤荣

观看了精彩的赛马会，在回家路上，主人感叹地对座下的马说："我的马啊，今天的比赛你可都看见啦，那一匹匹腾云驾雾、追风撵月般的骏马多棒呀！可你，走起路来慢慢腾腾，一步三摇，活像一头老驴！要不是熟马难舍，我真想把你卖了——唉，你就不能给我争争气吗？"

"我怎么能跟那些骏马相比！它们的装备可比我强得多，就说鞍子吧——""哦，对！对！"主人恍然大悟，"那些骏马的鞍子确实都是明光锃亮的！好，我立即就给你配一副好鞍子！"

马鞍很快就配好了，可这匹马依然如故。

主人忍不住又发起牢骚来。

马说："你不就配了一副鞍子吗，可是那些骏马的装备还是比我强，比如说辔头吧——"

"哦，"主人想，"那些骏马的辔头似乎是要强点。"于是，他又买来了新辔头。

对马的所有欲望和要求，他都尽量满足。遗憾的是，这匹马依然没有丝毫长进。

主人十分苦恼，百思不得其解："我给了它一匹骏马所拥有的一切，可它为什么还不能成为一匹骏马呢？"

一个朋友告诉他："因为你手里缺少一根鞭策它上进的鞭子！"

每个人都有两张照片

◎ 沈湘/译

马戏团团长克莱特，一连好几天都在为一群猴子烦恼不已。原因是这样的：因为这些猴子是刚从山上捕获的，由于野性难改，不好驯服，已有好几个驯兽师被这些猴子气坏了。驯兽师纷纷抱怨，那些野猴子实在太难对付了，不如放弃对它们的驯服吧。驯兽师还举实例来说明，他们说的都是实话。

他们曾经用了许多方法来驯服这些野猴子。比如，给它们吃东西，可是它们光吃不干活。如果要它们学骑自行车，或者做些简单的倒立爬竹竿等动作，再或者就是对着观众们乐一乐也行啊，可是它们一见驯兽师的面便躲得远远的。后来驯兽师只得将它们和家猴关在一起，希望家猴能够和它们沟通，引导它们学习表演。可是，那些野猴子竟然将家猴打得遍体鳞伤，家猴们也不敢跟它们待在一起。

就在克莱特决定听从驯兽师们的建议，放弃对这些野猴的驯服工作时，他突然觉得还是亲自去看一看再下决定的好。经过一段时间的观察后，克莱特竟然有了一个惊人的发现。为了测试出这个发现是否正确，他召集了所有驯兽师来到现场见证。克莱特首先让人将所有驯兽师的仿真照拿出来，仿真照跟真人差不多高，每人都有两张照片，一张面带怒色，一张笑容满面。这些仿真照一拿出来，便在驯兽师中引起了一阵骚动。但是为了看清团长克莱特的真正意图，他们没有吭声，而是静静地站在一边观望。

克莱特首先将驯兽师们那些面带怒色的照片，一张张地拿去跟猴子们见面。结果猴子们一个个吓得连滚带爬地逃走了，有的还试图用爪子去撕碎那张照片。然后，克莱特将驯兽师们那些笑容满面的照片，一张张地拿去跟猴子们见面。结果奇迹出现了，只见那些平时野性难改的猴子，竟然安静了下来，并且还冲那张照片笑了笑，尽管猴子们笑得很难看，但那滑稽的样子还是将在场的所有人都逗乐了。

最后，克莱特团长转向满腹狐疑的驯兽师们，慢慢地说："你们现在都看到了吧，猴子们需要的是你们真诚的笑脸，而不是你们的满脸怒色。也许你们不明白，我是怎样弄到这些照片的。这些照片是我暗中让人拍下来的，那些满脸怒色的照片是你们在驯猴子时的模样，而那些满面笑容的照片，则是你们从我这里领取薪水时的模样。现在的问题已经十分明确了，如果你怀着领薪水时的心情去工作的话，工作起来就没那么困难了。"

生活中，其实我们每个人都有这样两张照片，当获益时，就满面笑容；当需要自己付出时，便满脸怒色。如果我们以获益时的笑脸去对事业付出努力，那么我们将会收获更多的笑容。

成功的跨国应聘

◎ 刘慧英

小沈是一所知名大学精算专业的本科大学生，他在浏览美国一家金融网站时，看到美国华信惠悦管理咨询公司芝加哥分公司招精算专业的人才，突然有了应聘的冲动。

为了应聘成功，他首先找到一位在外企工作的朋友取经，在简历制作上他摒弃了如今很多同学面面俱到的写法，着重写了担任大学精算学会主席和已经通过了"北美精算师资格考试"8门课程中的4门2项内容来证明自己的综合能力和专业能力。然后小沈用1千多字写了他对这家公司的了解和他对精算这个职业的认识，由此组成了简历材料。

简历寄出的第22天，美国公司给他打来电话，就一些问题与他沟通并多次测试后，他们又打电话找小沈的系主任和学校有关部门的人员详细了解他的情况。第12天时，美国公司通知他到芝加哥面试，签证、往返机票、宾馆全部由他们出面出费用办理、安排。

小沈的同学们知道消息后都很惊讶，小沈却立即镇定下来。第2天他马上买来讲授应聘礼仪的影碟学习。

5月21日，小沈只身来到芝加哥。22日一早，在咨询公司接待人员的引领下走进了面试现场，只见屋里齐刷刷坐着6位考官，都是部门经理级人物。小沈很快让自己平静下来，礼貌地问候和自我介绍后，大大方方地坐下来，等待提问。

人力资源部的一位女经理首先开腔："你为什么要来应聘我们公司？"由于这是回答第一个提问，小沈马上在心中告诉自己："一定要沉着！尽量放慢语速，这样一则可以保证对方听清自己的话，二则可以给自己回答问题留出一定的思考时间。"提醒完自己，小沈语速平缓地开了口："据我所知，华信惠悦公司是一家享誉全球的管理咨询公司，如果能加入这样一个公司，我会感到非常荣幸。同时我认为……"小沈边回答，边仔细观察考官的表情，随时准备刹车。见考官听得一直很专注，小沈知道自己的表达没什么大问题，于是就把自己认为该说的话都说了才收住话语。

这个问题刚答完，另一位考官紧接着问："你对报酬有何期待？""只要和与我同等条件的人一样，我就非常满意了！"小沈回答得不卑不亢。此后，几位考官轮番"轰炸"，提问从职业认识、人生哲学到专业知识、处世方法等，不仅包罗万象,而且跳跃性很大,现场气氛很严肃。

小沈虽然对答如流,但心想:"老这样下去自己总是被动的,必须改变一下现状。"于是他鼓足勇气,瞅准机会开始以中国人漫谈的方式回答提问,时不时还用"您说呢?""您认为呢?"等口气,尊重而亲切地反问一两个小问题,谈话很快缓和了气氛。

临分手时,小沈从考官们的神情中看到了希望。

小沈面试回到家中的第3天,就接到了美国公司的录用电话通知,成为芝加哥分公司200多名员工中惟一一名中国人。毫无疑问,小沈的求职是很成功的。他的成功,除机遇外,关键在于:他对未来的就业形势有相对清醒的分析;他有敢于到世界大坐标系里寻找职业位置的勇气和信心;他在简历制作过程中有一套独特的方法;他参加面试时有一种冷静的心态和灵活的应变措施。可以说正是这些因素的有机整合成就了他。

我在美国中工作

◉ 沈农夫

在美国找工作,一般需经过两道基本程序:先是交上自己的简历,如果对方对你感兴趣,第二步便是约时间面谈,而这面谈,往往对录用与否起着相当关键的作用。

我的第一个机会是去休斯敦的维多利亚社区学院面谈。这个学院去年新开设了一门中文课程,急需一名中文教师。有朋友向学校推荐并传真去我的简历,负责人挺感兴趣,于是约我面谈。

接见我的是位50岁左右的女士,名叫玛琳娜。她很客气地招呼我进了办公室,待我坐下,寒暄几句后,开始了正式面谈。她先问了我在国内的有关情况,诸如大学学习课程是什么,教了几年书以及教的什么专业,我一一作了回答。接着她就滔滔不绝地向我介绍她所在学院的情况,向我交代教课需注意的问题，并教给我怎样和学生联系，怎样发给学生课本。我一直静心地听她讲述，直到她拿出一大堆花花绿绿的各式表格让我填写，并告诉我学校应付我的工资标准，我才意识到自己被录用了，而且很快就得准备上讲台。

第二次面谈，起因于我在维多利亚社区学院接到的一个电话，是本地一家翻译公司的美国老板马克打来的。他得知我是中英文教师，就问我有无兴趣搞翻译。他说现在中国市场开放了，越来越多的美国公民想和中国建立联系，向中国介绍他们的生意，因而有许多英语文件等着译成中文，他很需要这方面的人手帮忙。随即，这位老总亲自到维多利亚社区学院来与我见面，我们聊得不错。分别时，我们约定了到他办公室的面谈时间。

去翻译公司面谈的那天，我按时到达马克的办公室，前台小姐刚用电话通报完他就出来了，把我领进他那间很雅致的办公室。开始，我们谈了一些有关计算机软件的问题，他还问了我的一些个人情况。然后，他告诉我，由于我的中文基础很好，又是刚离开大陆没几年的教师，所以，如果我在此工作，并不需要自己翻译，他们可以雇佣其他人，我只负责校对和润色，使译文更适合中国人的文化和口味。

面谈之后，马克又很热情地带我看了公司的其他办公室，向我介绍了班上所有的工作人员。临告别时，不知缘何，我们谈到了健身活动，才发现原来我俩都是乒乓球爱好者，于是，又兴致勃勃地聊了一阵打乒乓球的技巧与乐趣。

　　这两次面谈都挺顺利，两个老板都表示了聘用决定，马上就可以走马上任。不过我自己却犹豫了。此时此刻我倒舍不得离开干了多年的教师工作，所以我没有去翻译公司任职，使得大有所望的马克多少有些失望。后来，马克又打来电话，诚恳地向我许诺：他可以等我几个月，什么时候我可以去了，就给他打电话。

　　两次面谈使我增加了阅历，也让我深深地感到，中国经济的发展，确实对我们这些在海外暂居或常住的人影响巨大，最显著的是就业的机会明显增多了。过去谁都知道，外国人在美国学文科是没什么出路的，一般都是毕业后当文员。如果以文科的本事在美国找工作，那就更难了。中国人往往由于语言背景在竞争中处于劣势，无论你是硕士还是博士。如今不同了，中国市场吸引着越来越多的美国人，他们需要懂英文同时又了解中国文化的人，这是我们的机会，本世纪的未来这种机会将越来越多。

幸 存 者

◎ 朱 砂

二战伊始,大量的德国犹太人纷纷逃往非洲,巴沙尔一家也不例外。巴沙尔带着妻子、15岁的女儿和6岁的儿子欲越过利比亚沙漠前往苏丹,巴沙尔有一个哥哥在那儿租了个农场。

他们向当地人买了一匹骆驼,备好了足够多的水和食物,然后便开始了漫长的旅程。

最初的几天风和日丽,可是到了第五天的早上,沙漠里突然刮起了风暴。狂风卷着整堆的沙丘向他们涌来,沙层越积越厚,转眼间4个人便被埋在了沙堆下。

又过了几天,一群阿拉伯商人的驼队经过这里。他们从很远处便看到沙丘上好像有个小黑点儿在动,走近后才看清楚,那小黑点儿竟然是一个挥着衣服的小男孩。离孩子不远处的沙沟里，一匹骆驼正卧在地上，骆驼身体上绑着的行李袋里放着许多食物和水。

商人们费了很大的劲儿，才从沙堆下面找到了巴沙尔和他的妻子与女儿，可是他们已经死了。

从死亡的姿势来看，女孩子的脸伏在胳膊上，她的嘴里有许多沙子，与脸相接触的袖子上有一大片污渍。他们静静地趴在那里，甚至根本就没有挣扎过，他们的死更多是来源于绝望。

当商人们问那个孩子他为什么没有被埋在沙堆下面时，孩子回答："我想活。"

现实生活中，我们每个人在自己的人生旅途中几乎都要经历困境和磨难。许多时候有一种东西比灾难和厄运更让人胆寒，那就是人心的绝望。相比之下，决定一个人能否快速走出生命沙漠的决定因素并不是强壮的身体和完美的客观条件，而是信念、意志与强烈的生命渴望。

做什么都要尽力而为

◎（美国）帕特·奥布瑞恩

1903年，我在纽约参加一出名叫《向上，向上》的话剧演出，其中一场是询问某件事情的场面。一开始，是我与两个怒气冲冲的人争执不休的表演，他们一个是通过电话和我争吵，一个是在我桌子边和我争吵。

这出剧得到了各种不同的评论，后来我们剧团移到一个小剧院去演出，削减了薪水，希望演出能够进行下去，但是前景黯淡。

很多夜晚我都为我所扮演的角色发愁。后来我决定稀里糊涂对付了事，何苦为没有前途的事情卖大力气呢？

可是，不知怎么搞的，上教会学校时读到的《圣经》里的一句话出现在我的脑海里："无论干什么事，都要尽力而为。"

于是，在每一次演出时，我都全力投入到这场戏中，每次演完这场戏，我都是满身大汗。有时，自己也觉得这样干很愚蠢。

几个月后，有一天我突然接到自称代表霍华德·休斯的人给我打来的电话，他说："休斯先生打算把《扉页》拍成电影，他想邀请你参加。"

后来，这部电影的导演刘易斯·米尔斯顿把这件事的原委告诉了我，他和他的一伙朋友访问纽约时，搞到几张轰动一时的戏剧的门票，可最后还是缺一张。于是，刘易斯就穿过马路，来看对面剧院里演出的《向上，向上》。

"有一场戏的确打动了我，"刘易斯说，"就是你在桌子边和别人争吵的那一幕。"结果他推荐我在《扉页》里相似的一场戏中扮演了一个角色。这就是我的电影生涯的开端。

所以，即使干着似乎是徒劳无益的事情，也应该尽力而为。

先进去再说

◎ 岳晓东

上哈佛大学是我的梦想，但入学哈佛却颇令我犹豫了一番。

1986年我在申请入哈佛大学的同时，还申请了另外6所美国大学，其中最早录取我的学校是克拉克大学。这所大学的心理系在美国相当出名，是心理学大师弗洛伊德在美国惟一到访过的学校。

克拉克大学于5月下旬就正式通知录取我，并给了我很好的待遇——不仅免除四年的学费，还提供四年的助学金（需要我为系里做一些事）。这样优厚条件的录取信让我兴奋了好几天。过了些日子，我盼望已久的哈佛大学教育学院的录取信也来了，但校方只给6 500美元的学费奖学金，而且只是给当年的。这意味着我不仅没有得到丝毫的助学金，还要补缴4 000

美元的学费（哈佛大学当年的学费是 10 500 美元）。

到底是上哈佛大学，还是上克拉克大学？那几天，我陷入了抉择的苦恼。为此，我找到 Palubinskas 教授，征求她的意见。

她首先问我："这两所学校，你更喜欢哪一所？"

"当然是哈佛喽。"我不假思考地回答。

"可哈佛才给 6 500 美元的奖学金，这实在是太少了。"我接着说。

"是啊，6 500 美元的奖学金是少了点，但这可是哈佛呀！"她笑着说。

"但是，"我想了想说，"如果一共缴 4 000 美元，我还承受得了；如果年年都缴 4 000 美元的学费，我可惨了去啦！"

"你有没有找哈佛教育学院学生资助办公室的人员了解一下情况呢？"她再问。

我摇摇头。

"那你就去了解情况吧，"她语气坚定地说，"我敢打赌，你一定会得到进一步资助的。"

"你为什么这样说？"我兴奋地问。

"因为你不对学校表现出充分的诚意，它怎么会愿意进一步资助你呢？"她两手一摊说。

"对呀！"我感到茅塞顿开，深深地点头说，"我明天就去进一步了解情况。"正待我要出门时，她叫住了我问："我感到你怎么有些垂头丧气的?"

"是啊,"我长叹一口气说,"这选择也太难啦,搞得我几天都心绪不宁。"

Palubinskas 教授摇摇头说:"不对,你应该感到高兴才是,至少你现在有两个选择。我真希望我当初读博士时,也有你现在的两个选择。这就好比有两个姑娘同时在追求你,总好过一个姑娘追求你吧?"

她的话令我的心情顿时晴朗起来:对呀,这被追求的感觉总好过被拒绝的感觉吧!

第二天一大早,我就来到哈佛大学教育学院学生资助办公室,向主任了解情况,并进一步陈述自己的经济困难。他耐心地听我讲完后问:"你到底有没有决定上哈佛?"

我迟疑了一下说:"是的,我已经决定上哈佛。"

"那就好,"那主任说,"待我收到你的回信后,会进一步替你想办法的。"

回到家中,我立刻给哈佛大学教育学院正式回信,表示我欲秋季入学。

我的信是 6 月 8 日发出的。5 天后,我收到哈佛大学教育学院学生资助办公室主任的回函,通知我学院决定补加 2 500 美元的奖学金。这令我喜出望外,马上去 Palubinskas 教授那儿,与她分享我的快乐。

"你从这次经验中学到了什么?"她忽然问我。

我想了想说:"凡事要多想可能性,多做调查。"

Palubinskas教授点点头说:"先进去,再想办法(Get in first, and then work your ways out)。"顿了一下,她又一脸认真地说:"我敢打赌,你将来缴的学费一定比你现在想象的少得多。"

Palubinskas教授的话没有错。入哈佛大学之后,我又通过不同途径找到了各种经济资助。到头来,我在哈佛读书的6年里,非但一分学费未缴,还挣到40 000多美元的奖学金!

"先进去再说"成为我日后的一项重要的处事原则。

贫穷永远是自己的错

◎（英国）斯威夫特

齐国有个人上无片瓦，下无立锥之地，自己又没有一技之长。因为没有谋生的手段，他每天只有靠在城里乞讨度日，生活十分困窘。

刚好在此时，有个马医因为活计太多，忙不过来，需要找一个帮手。这个乞丐便主动找上门去，请求在马厩里给马医打打杂工，以此换取一日三餐。

可是，有人却取笑他说："马医本来就是一个被人瞧不起的职业，而你不过是为了混口饭吃，就去给马医打杂，当下手，这不是你莫大的耻辱吗？"

这个昔日的乞丐平静地回答："依我看，天下最大的耻辱莫过于寄生虫，靠乞讨度日。过去，我为了活命，连讨饭都不感到羞耻；如今能帮马医干活，用自己的劳动养活自己，同时还能学到东西,这又怎么能说是耻辱呢?"

没有多少人能生来就处于社会上层,更多的人都是靠从底层工作奋斗成功的。只要肯吃苦、肯干,必定会有自己的一片天地。

尤希在底特律时是个铅管匠,努力了许多年,想发展自己的事业,然而他缺少资金。

为此,他3年前带着老婆孩子搬到了新奥尔良,希望有更好的机会。然而,第一天他找了8家铅笔公司,可是没有人愿意雇佣他,他们告诉他人手已经够了。

第二天尤希跳上一辆公共汽车,走过一条长长的、繁华的大街。那条街上有几家快餐店。最后,总算第5家的经理对他有点兴趣。但经理告诉他,报酬相当低。尤希向经理表示这不成问题,他会提供一流的服务。

他工作很努力,结果在几个星期之内就成为那家连锁店的夜间部经理。

9个月后,连锁店的老板将他叫到办公室去,对他说:"我要派你到城西一座有90户住户的大厦去当助理经理。"这时尤希才知道老板在房地产方面也搞得有声有色。

然而,尤希告诉老板他只当过铅管匠,对管理大厦一无所知。

老板笑着对他说:"我查过你在快餐店的记录,利润增加了55%。管理大厦与管理快餐店的道理是一样的——乐于助人、良好服务和优质高效。我想你一定能让大厦保持客满，准时收到房租，而且保养良好。"

结果尤希接受了那个工作——工资是他在快餐店时的3倍，还有一间漂亮的公寓。

如今抱怨找不到工作的大部分人，并不是真正找不到工作，而是他们不愿从底层干起。他们的态度就像社会欠他们一份工作一样。他们总以为，政府或公司必须为他们的困苦负责任，许多人从不想自己奋斗一番。事实上，绝大多数人只要肯从底层奋斗，都能有一番作为。

你要记住的是：

(1) 自食其力远胜过无所事事。

(2) 从最底层做起，也会爬到最高处。

(3) 贫穷永远是自己的错。

困境中，不要羞于求助

◎ 魏西友

人人都有陷入困境的时候，有人奉行万事不求人的处世哲学，有了困难总是自己一个人默默地去解决，从来不向别人求助。这种人，不愿意给别人添麻烦的思想是可贵的，但是，他解决问题的效率和问题解决的程度不一定就是最快和最好的。

我认识这么一个人。他不会任何乐器，不会唱歌，更不会作曲，然而，他却是一家国家级音乐刊物的总编辑，是全国有名的音乐评论家。当我问他是如何走上音乐评论这条道路的时候，他向我讲述了下面这个亲身经历的故事。

上个世纪的70年代，他刚大学毕业，在一家报社当新闻记者。有一天，他正在赶写一篇文章，编辑部主任叫他到办公室去一趟。主任对他说，今天晚上有一场很重要的音乐会，可是，报社的音乐评论员却突发急病，正在医院里做手术。因

此，决定派他去参加音乐会，并写出一篇评论员的文章，明天见报。

他不是学音乐的，对此一窍不通，怎么能写出评论文章呢？想拒绝吧，没这个胆量；想接受吧，又怕不能胜任。主任见他不吱声，便问他是不是有什么困难。他说我恐怕完不成任务。没想到主任听后笑了笑说："没有过不去的火焰山，船到桥头自然直。你们这些大学生，头脑来得快，我相信你会克服困难，写出一篇蛮像样的评论员文章的。"然后，主任摆了摆手，容不得他再说什么，就把他打发了出去。

当天晚上，对音乐一窍不通的他愁眉苦脸地坐在剧场中，而剧场另一边，他清楚地看到了另一家日报的音乐评论员。那家伙翘着二郎腿，微闭着双眼，脑袋随着音乐的节奏微微晃动，一副胸有成竹的样子。明天，他们的报纸上肯定会出现他的文章。可是，自己的任务该怎么去完成呢？

音乐会快到结束的时候了，他的脑袋像计算机一样在快速地运转。突然，他想到了一个办法。

舞台上的大幕刚一拉上，他立即冲到后台，找到了一位著名的小提琴演奏家。他向她自报了家门，说明了自己面临的困难，坦诚地向她求助。他说："实际上，我是在请您帮我写这篇评论员文章。我想，您是会帮助我这名新手的。"

小提琴家望着他笑了，她喝了一口水，便滔滔不绝地讲了起来。

他一边听着她的讲解,一边快速地记着笔记。他心里在想:"我的那位记者同行,不管他的文采有多么好,他的阅历有多么深,他对音乐的理解有多么透彻,他的观点有多么新鲜,他都不可能写出比我更好的文章。因为他在音乐上的造诣不可能超过我面前的这位音乐家。本来我和他之间的差距是巨大的,可是我站在了这位著名的音乐家肩膀上,借了她的力,用两个人的智慧,而其中一个人的音乐知识显然比他强得多。"

第二天,两篇评论文章同时见了报。圈内人士都惊呼发现了一名新的音乐评论新星。

这一炮打红后,报社领导就让他担任了专职的音乐记者。他运用他第一次成功的经验,再加上不断的学习和钻研,几年后,他逐渐成为被大家公认的音乐评论家,以至最后担任了这家全国性的音乐杂志的总编辑。

人生一世,你总有自己力所不能及的时候,你不可能万事不求人。在处于困境的时候,只要你把自己的困难坦诚地告诉别人,并诚心地向他人求助,被求助者一般都不会袖手旁观,而从助人者的角度来讲,助人比获得别人的帮助更能获得满足感。

校正一下方向再跑

◎ 成 彪

考进新单位,我的感觉只是一个字——忙。

我从事的是会计工作,记账、理账、订账,其间还不断接待来人,或与有业务关系的单位联系。每天早早上班,迟迟下班,忙得像个陀螺,仍觉得活还没做完。

不过,虽然忙碌,却感到充实,我有自慰自解的哲学:因为忙碌才需要你。所以,进单位以来,我忙得感觉特别好,尤其是头儿来我们办公室的几趟,我都定在座位上,两只手不停地忙乎着……

一个上午,头儿让我到办公室去。落座后,头儿用很关切的口吻问我近来的工作情况。我也不谦虚,把进单位后的忙碌、所做的事务详尽地作了汇报,末了,还即兴发挥地表达了"我忙碌,我快乐"的感想。

凭我本人的感觉,以及头儿听我的汇报的神情,估计头儿要表扬我,或者……

头儿听了我的汇报,沉默半晌,问:"小成,你这样忙碌,是不是需要休息几天,调整一下?""那敢情好。"话一出口,我就觉得有些不妥,赶忙说:"啊,不,不必了,我年轻,精力旺盛,能扛得住的,不需要休息……"

"在你之前的老王会计,他是单位的总账会计,兼管了下面一个小厂的账目,还不算紧张。你顶替了他的位置后,我怕你一时不适应,就没让你兼职。我观察了些日子,看到你这般忙碌,你认为是不是需要给些时间思考,校正一下方向再跑?"

给些时间思考,校正一下方向再跑,这话什么意思啊?是说我工作能力不强,办事效率不高吗?想到这里,我刚才的自信和得意飞得无影无踪,后背上开始冒冷汗。

"这样吧,给你两天时间休息和调整,把电话摘了手机关了,天塌下来也不要管,两天后再来上班。"

就依头儿的话去做,我把自己关在家里,断绝了一切与外界的联系,专门思考如何改进我的工作。第一天下来,我已经悟出自己被别人支配着跑的症结来;第二天,我已经想出自己做主宰,支配别人的工作方案。到了晚上,害怕什么不妥,又特地带上礼品打车到十几里外的老王会计家中讨教,果然得到一些指点。

上班后,我把近期手头的工作列了个清单,然后排了个时序，用电话一一安排下去，对前来报账、结账的人边接待边告知他们下次来的时间段……又经过两天的调整，我办公桌前围的人少了，电话也不一个劲地响了，我也有空站起来泡杯茶，跟同事们说说话了……

半个月后，头儿再次找我，把那个小厂的账目也一并交给了我……

俗话说"埋头拉车，抬头看天"，"埋头拉车"固然可敬，但"抬头看天"却最重要，因为这是前进的方向，事关用力的效果。朋友，你是否也在紧张的忙碌中呢？如果是，请你稍稍停顿一下，思考一下为什么这般忙碌，然后再找出轻松些的办法来。磨刀不误砍柴工，不错的，花点时间校正一下方向再跑，你会跑得更快，更轻松。

那一刻决定成败

◎ 沈 湘

美国一家球星经纪公司有位女业务代表，是有名的工作狂。她极具慧眼，凡是被她盯上的篮球新人，日后几乎都能成名。有一段时间，她盯上了德国篮球新秀迪文·乔治。从此，只要有乔治出现的地方，她一定会出现。

她不仅要跟随乔治满世界飞来飞去，还要照顾他的日常生活。她要让乔治感觉到，她很关心他，这样才有可能成为乔治的经纪人。

有一次，就在她刚刚忙完了乔治的一场篮球训练赛，又得知巴黎有一场公开赛邀请了乔治。这时，本已极度疲劳的她还想跟过去为乔治捧场。主管担心她会因过度疲劳而耽误大事，建议让其他人代劳。结果她极力劝说主管让她去，因为她还从没失手过。终于，她准时飞到了巴黎，并顺利见到了乔治。

当天晚上，在一个为选手和记者们准备的宴会上，她像一位女主人一样照顾着乔治，并为他介绍来自世界各地的来宾。当篮球名将约翰逊出现在他们面前时，她热情地准备为乔治做介绍，因为她跟约翰逊是老熟人，而约翰逊又是乔治的偶像。就在她很有礼貌地说："这位就是美国篮球名将约翰逊，这位是……"她支吾了半天，居然将乔治的名字给忘记了！可想而知，那天的情况糟糕透了。

后来，乔治进了洛杉矶湖人队，果然成了篮球名将，可是却与她和她所在的公司没有任何联系。不要认为只要付出就一定会有回报，这是错误的。学会有效地工作，这是经营自己强项的重要课程。

祖母的智慧

◎ 刘宇婷/译

　　我丈夫的祖母玛丽简直是一位农艺学家,在她美丽的花园里,她收获了那么多辛勤耕耘的快乐,园子里的每一寸土地都生动展示了她对种植的热情。当她和祖父把家搬到加利福尼亚州时,她将营造自己的新花园视作一次激动人心的全新冒险。

　　然而,不管祖母怎样精心培育,花园中央的一棵果树就是拒绝开花结果。祖母如饥似渴地查阅了大量有关果树栽培的书籍,希望从中找到促其开花的方法。她甚至和它说话,为它唱歌,跟它讲道理——但一切都无济于事。

　　最后,祖母拨打了加州农业部的电话,要求与技术人员通话。她向接电话的人说明了自己遇到的难题,然后用笔记下了那人说的每一句话,决心一丝不苟地按他的建议做。在列述了一长串祖母早已尝试过的办法之后,那位农业部的技术人员提出了一条戏剧性的建议——用扫帚柄击打果树的基部,以此"刺激它的根"。

要是被邻居们看到一个 70 多岁的老太太棒打一棵果树,他们会怎么想呢?祖母拎着扫帚向那棵顽固的果树靠近时,不由地左顾右盼。她知道,震动也许能对萎缩的树根产生作用,甚至激活果树,令其开花,可她实在怀疑这个稀奇古怪的方法能否奏效。

令祖母惊喜万分的是,第二年春天,这棵树真的结出了累累硕果!在之后的许多年,她的孙辈们仍在尽情享用这棵树上甜美的果实,而且它一年比一年丰产,一年比一年强壮。我们在聚会时常常把这事当作笑谈,它成了我们家的经典幽默。想想看,一位端庄的老妪手持扫帚不停地狠命抽打一棵毫无还手之力的果树,那情景该有多么可笑!

在祖母去世的前几个月,我正经历着人生中一段异常艰难的时期,我打电话向祖母寻求忠告。我们回忆起那棵果树的故事,她提醒我即使一棵树也有困顿的时候,也需要敲打才能疏通经脉、积蓄养分。她亲切而诙谐地说,我的根正在经受着考验和击打,经过这样的刺激,我一定会开出更绚烂的花朵,结出更丰硕的成果……

她不仅是个了不起的园丁,更是一位充满智慧的祖母。

章鱼的艰苦跋涉

◎ 李起/译

　　9年前，我做了肺切除手术。医生说我这种类型的癌瘤第一年的存活率大约是5%。最初的惊愕渐渐消退后，我意识到不能无所事事的消磨时间，不能白白等待着。我需要做些事情。我作为一名戴水肺潜水员已经许多年了——我思忖着是否仍有可能做这件事。从体格上来说，我被告知，没有限制。第一次在偏远的巴哈马小岛的珊瑚礁上潜入海水中时，我依然犹豫不决。我一直在想，一片肺叶已经60岁了。随着水泡，我触摸到底部，并做了几次短暂的呼吸。健康的那片肺叶过分活跃，可是它也在颤动着。

　　潜水结束时，我在浅水区域浮出水面，并换成呼吸管。我发现上涨的潮水正滑过满是沙子的底部，这时海水里的一些生物引起了我的注意。我改变了方向，使我吃惊的是，突然看见了一只小小的章鱼。这个小家伙，如此远离安全的礁石，对沿途遇到的任何捕食性动物而言似乎都是脆弱的。我感到好奇，就下去看个究竟。他大大的眼睛里立刻流露出我是一种威胁的神情，那小小的头足在舞动着似乎在计算着危险。他柔软的流线型的身体抖动着，体色快速从红色变成粉红色，再到绿色，最后是蓝色的变化着。现在他的体色是斑驳的棕褐色，与周围的沙滩完全融合在一起。

如果使用保护色也不能逃避我，很显然，他认为只有快速前行才可以解决一切。他从前向后急速划着海水，用一种类似喷气式飞机的动作从我身边快速游走了。我继续跟随着，在他的上方徘徊。他再一次试图躲藏，钻入一小簇海草之中。现在他几乎隐形了。迄今为止，他已经试图使用保护色，加速划行以及他自己的种种其他欺骗行为方式，我暗想它是否已展示了他躲避战术中的全部本领了呢。

几分钟后，他的身体因变换颜色而颤抖。只是这次我不是他感到恐惧的对象。疾驰而过的是一群为一点儿像他一样可口的食物而悄然潜行的梭鱼。他快速变成了一种草绿色，梭鱼们从他身边游走了。

他很小心翼翼地离开水草，游到沙子上。他处于非常危险的境地。先游过来并仔细观察他的是紫色的与绿色的热带鱼。接着是一群色彩斑斓的，直径有一尺长的刺蝶鱼，最后游过来的是一群小丑似的有条纹的鱼。他们好像嗅了嗅他，又盯着他看，不过他们的好奇心一旦得到了满足，就慢慢游走了。我的新朋友又一次安全了。他的体色再一次循环变化，一种耀武扬威的突然出现的猩红色被附近的任何一种生物都能看见，接着，他吹着号角返回礁石。一眨眼的工夫，他消失于起保护作用的珊瑚网中。戏剧结束了。插曲持续了仅仅几分钟，但我已经看到了一场精彩的"焰火"表演，与一种与生俱来的对生命的渴望。

随后，在海滩上，我从背上摘下氧气罐。坐下时，我忍不住想起那个令人赞叹的小家伙。我能看到他在小范围内的逃避，看到他远离珊瑚礁，梭鱼们搜寻他的肉体时他的困惑。他存活的几率可能比我更糟，可是他们却于海水中随处可见。从某种意义上说，与小章鱼的邂逅使我又回到生活之中。手术已经很多年了，我再次回去体检，医生说我创造了一个奇迹，我笑了。他们怎么能知晓我在巴哈马小岛的珊瑚礁上收获的奇特而绝妙的疗法呢？